Der Wirtschaftsfaktor Bienen – ein Praxisprojekt

Erik Busch

Der Wirtschaftsfaktor Bienen – ein Praxisprojekt

Bildung für nachhaltige Entwicklung in Umwelt und Ökonomie

2. Auflage

Erik Busch
Hemhofen, Deutschland

ISBN 978-3-658-46038-9   ISBN 978-3-658-46039-6   (eBook)
https://doi.org/10.1007/978-3-658-46039-6

Die Deutsche Nationalbibliothek verzeichnet diese Publikation in der Deutschen Nationalbibliografie; detaillierte bibliografische Daten sind im Internet über https://portal.dnb.de abrufbar.

1. Auflage: © Erik Busch 2021
2. Auflage: © Der/die Herausgeber bzw. der/die Autor(en), exklusiv lizenziert an Springer Fachmedien Wiesbaden GmbH, ein Teil von Springer Nature 2025

Das Werk einschließlich aller seiner Teile ist urheberrechtlich geschützt. Jede Verwertung, die nicht ausdrücklich vom Urheberrechtsgesetz zugelassen ist, bedarf der vorherigen Zustimmung des Verlags. Das gilt insbesondere für Vervielfältigungen, Bearbeitungen, Übersetzungen, Mikroverfilmungen und die Einspeicherung und Verarbeitung in elektronischen Systemen.
Die Wiedergabe von allgemein beschreibenden Bezeichnungen, Marken, Unternehmensnamen etc. in diesem Werk bedeutet nicht, dass diese frei durch jede Person benutzt werden dürfen. Die Berechtigung zur Benutzung unterliegt, auch ohne gesonderten Hinweis hierzu, den Regeln des Markenrechts. Die Rechte des/der jeweiligen Zeicheninhaber*in sind zu beachten.
Der Verlag, die Autor*innen und die Herausgeber*innen gehen davon aus, dass die Angaben und Informationen in diesem Werk zum Zeitpunkt der Veröffentlichung vollständig und korrekt sind. Weder der Verlag noch die Autor*innen oder die Herausgeber*innen übernehmen, ausdrücklich oder implizit, Gewähr für den Inhalt des Werkes, etwaige Fehler oder Äußerungen. Der Verlag bleibt im Hinblick auf geografische Zuordnungen und Gebietsbezeichnungen in veröffentlichten Karten und Institutionsadressen neutral.

Titelbild: Imagination World / generated with AI / stock.adobe.com

Planung/Lektorat: Irene Buttkus
Springer ist ein Imprint der eingetragenen Gesellschaft Springer Fachmedien Wiesbaden GmbH und ist ein Teil von Springer Nature.
Die Anschrift der Gesellschaft ist: Abraham-Lincoln-Str. 46, 65189 Wiesbaden, Germany

Wenn Sie dieses Produkt entsorgen, geben Sie das Papier bitte zum Recycling.

Bild 1: Schnurrdiburr! nach (Busch, 1962, vol. 2, S. 272)

Vorwort

„Bildung ist die mächtigste Waffe, die du verwenden kannst, um die Welt zu verändern." (Nelson Mandela)

Liebe Leserinnen und Leser!

Bayern ist ein Naturparadies, einmalig schön und vielfältig. Dennoch sind auch wir vom weltweiten Artenschwund betroffen. Das macht uns Sorgen. Der Verlust an Biodiversität ist eine ernste Gefahr für das Gleichgewicht unserer Ökosysteme und den Erhalt unserer Lebensgrundlagen.

Wir in Bayern wollen Vielfalt erhalten! Darin sind sich Politik und Gesellschaft einig und dafür fahren wir zweigleisig mit wirksamen Maßnahmen im Hier und Jetzt und mit qualitativ hochwertiger Bildung für eine gute Zukunft morgen und überall auf der Welt.

Wir haben in Bayern eine einzigartige Offensive zum Erhalt der biologischen Vielfalt gestartet mit unserem Biodiversitätsprogramm 2030, dem Blühpakt Bayern und der Erweiterung des Volksbegehrens „Artenvielfalt und Naturschönheit in Bayern – Rettet die Bienen" durch ein Begleitgesetz samt Maßnahmenpaket.

Wir wissen aber auch: Nachhaltige Erfolge beim Artenschutz erreichen wir nur mit Bildung. Artenschutz beginnt im Kopf und Bildung für nachhaltige Entwicklung gibt uns das Werkzeug für zukunftsfähiges Denken und Handeln. Deshalb fördern und unterstützen wir die außerschulische Bildungsarbeit in Bayern aktuell mit jährlich vier Millionen Euro. Viele unserer Bildungsangebote richten sich an Kinder und Jugendliche. Hier haben wir die Möglichkeiten, Wissen nicht nur theoretisch, sondern spielerisch und mit praktischen Projekten zu vermitteln.

Das vorliegende Buch „Der Wirtschaftsfaktor Bienen – ein Praxisprojekt" unterstützt Bildungsvorhaben. Es stellt Umsetzungsbeispiele vor, setzt Impulse zur Stärkung digitaler und medialer Kompetenzen und fördert den Wissenserwerb von der Kita bis zu den weiterführenden Schulen. Überzeugen Sie sich selbst! Lassen Sie sich inspirieren und motivieren. Ich wünsche Ihnen viel Spaß dabei!

Thorsten Glauber, MdL
Bayerischer Staatsminister für Umwelt und Verbraucherschutz

Bild 2: Thorsten Glauber - Bayerischer Staatsminister für Umwelt und Verbraucherschutz, Foto: Bayerisches Staatsministerium für Umwelt und Verbraucherschutz

Haftungsausschluss für Links und QR-Codes

Dieses Buch enthält Links zu externen Webseiten Dritter, auf deren Inhalte der Autor, die Mitautoren und der Verlag keinen Einfluss haben. Deshalb können wir für diese fremden Inhalte auch keine Gewähr übernehmen. Für die Inhalte der verlinkten Seiten ist stets der jeweilige Anbieter oder Betreiber der Seiten verantwortlich.

Die verlinkten Seiten wurden zum Zeitpunkt der Verlinkung auf mögliche Rechtsverstöße überprüft. Rechtswidrige Inhalte waren zum Zeitpunkt der Verlinkung nicht erkennbar. Eine permanente inhaltliche Kontrolle der verlinkten Seiten ist jedoch ohne konkrete Anhaltspunkte einer Rechtsverletzung nicht zumutbar.

Für Veränderungen, die die Betreiber der angesteuerten Webseiten nach Redaktionsschluss (15. Juni 2024) an ihren Inhalten vornehmen oder für mögliche Entfernungen solcher Inhalte übernehmen der Verlag, der Autor und die Mitautoren keinerlei Gewähr.

Zudem haben der Verlag, der Autor und die Mitautoren auf die Gestaltung und die Inhalte der extern gelinkten Seiten keinerlei Einfluss genommen und machen sich deren Inhalte nicht zu eigen.

Ein Wort der Anerkennung

„Nach unserer Überzeugung gibt es kein größeres und wirksameres Mittel zu wechselseitiger Bildung als das Zusammenarbeiten überhaupt."
(Johann Wolfgang von Goethe (von Goethe, 1815))

Die von Goethe gepriesene Zusammenarbeit – zwischen den Mitwirkenden an diesem Buch – ist es, die zu diesem besonderen, vorliegenden Text führte.

Daher ist das ehrenamtliche Engagement dieser Mitwirkenden hervorzuheben, die ihre umfangreichen Erfahrungen hiermit als Beitrag zur Bildung und für den Erhalt der Natur zur Verfügung stellen. Namentlich sind das

Amancay Greulich,	Henrik Busch,
Angelika König,	Dipl.-Ing. Klaus Becker,
Marieke Busch,	Prof. Klaus Henning Busch,
Sandra Hack,	Manfred Kellner,
Vanessa Lang,	Thomas Bittner-Brehm
Yvonne Gärtner,	und
Frank Lehmann,	Dipl.-Ing. Werner Jäger.
Dr. Hans Joachim Buggenhagen,	

Einstimmung

Wir, die Mitwirkenden an diesem Buch, haben selbst Bienen-Projekte an Bildungseinrichtungen etabliert und begleitet. Darüber hinaus haben wir aus verschiedenen Perspektiven Erfahrungen mit der Pädagogik in Deutschland gesammelt.

Nachdem uns immer mehr Anfragen zur Unterstützung von Bienen-Projekten an Bildungseinrichtungen erreichten, haben wir beschlossen, unsere gesammelten Erfahrungen aufzubereiten und für Interessenten zur Verfügung zu stellen.

Es geht uns darum, die engagierten Lehrkräfte und ihre Projekte zu unterstützen, die eine der wichtigsten Problemstellung unserer Zeit adressieren: Den Erhalt der Natur als Lebensgrundlage der Menschheit.

Unser Anspruch ist es – über die faktengefüllten Ratgeber zur Imkerei hinaus, deren es viele und gute gibt – konkrete Ideen und Anregungen zur Umsetzung entsprechender Projekte in der Praxis zu geben.

Der Fokus liegt dabei auf der Überwindung von möglichen Spannungsfeldern zwischen Schülern und Lehrkräften sowie der anschließenden gemeinsamen Problemlösung.

Die Ähnlichkeiten mit tatsächlichen Herausforderungen – Frustration der Jugendlichen, Bienensterben, Imker in Ehren ergraut – sind also beabsichtigt.

Wir wollten ein Material, das die relevante Methodik rekapituliert und praktische Umsetzungshinweise gibt: kurz, lehrreich und unterhaltsam.

Das Ergebnis ist dieses Buch.

Wir wünschen Ihnen viel Spaß beim Lesen und Ausprobieren.

Ein Dank an die Akteure

Besonderer Dank gebührt den engagierten Lehrkräften und vorwärtsstrebenden Jugendlichen, die uns mit ihren Fragen gelöchert haben, bis wir keine andere Wahl mehr hatten, als dieses Buch zu schreiben.

Wir danken den Schülern, Lehrkräften und Direktoren, die bereits Projekte initiiert haben und uns an ihrem Wissen teilhaben ließen.

Einen besonderen Platz in unserem Herzen haben die Imker, die Projekte bereits unterstützen und die Imker der vergangenen Generationen, die uns das Wissen über ein Leben mit den Bienen gaben und uns so verpflichteten, dies zu bewahren.

Positiv zu erwähnen sind die Bürgermeister, Landräte und Politiker, die die Rahmenbedingungen schaffen und ausbauen, welche die erfolgreiche Durchführung von Bienen-Projekten fördern.

An dieser Stelle ist auch die Leistung der Landwirte, Kleingärtner sowie Obst- und Gartenbauvereine positiv herauszustellen, die durch die bienenfreundliche Ansaat einen wichtigen Beitrag leisten.

Inhaltsverzeichnis

Vorwort _____ 3

Haftungsausschluss für Links und QR-Codes _____ 5

Ein Wort der Anerkennung _____ 7

Einstimmung _____ 9

Ein Dank an die Akteure _____ 11

Symbolerklärung _____ 19

1 Prolog _____ 23

2 Problemsituationen analysieren und reagieren _____ 33
2.1 Ideenkonferenz mit Brainstorming _____ 36
2.2 Projektidee Bienen – in der Schule!? _____ 40

3 Der Einsatz methodischer Mittel als Lösung _____ 45
3.1 Der Einsatz von Lerntechniken _____ 45
3.2 Der Einsatz von Lehr- und Lernmethoden _____ 46

| Der Wirtschaftsfaktor Bienen – ein Praxisprojekt

3.3	Die Anwendung des Prinzips der schöpferischen Tätigkeit	48
4	**Erforderliche infrastrukturelle Bedingungen**	**51**
4.1	Einführung	51
4.2	Die materiellen Voraussetzungen	52
4.3	Die instrumentellen Voraussetzungen	56
4.4	Die finanziellen Voraussetzungen	58
4.5	Die personellen Voraussetzungen	59
5	**Fachübergreifende Integration des Bienen-Projekts in die Bildung**	**65**
5.1	Kunst und bildendes Gestalten	70
5.2	Geschichte und Religion	71
5.3	Sport	74
5.4	Englisch	75
5.5	Deutsch	76
5.6	Geographie	78
5.7	Heimat- und Sachkunde (HSU), Natur und Technik	80
5.8	Mathematik	84
5.9	Physik und Chemie	85
5.10	Biologie	87
5.11	Informatik	88
5.12	Werken und Hauswirtschaft	91
5.13	Weitere Verbündete	94

6	**Die Projektdurchführung und -ausstrahlung**	**105**
6.1	Realisierung und erste Erkenntnisse	105
6.2	Die Geschichte eines Schülers: Wie ich zum Imkern kam	107
6.3	Bienen im Kindergarten	111
6.4	Interesse an Bienen wecken – Projekt Kindergarten	118
6.5	Kooperationsbeispiel Mittagsbetreuung – Grundschule	127
6.6	Bienen-AGs als fester Bestandteil der Ganztagsschule	135
6.7	Eine Bienen-AG an der Realschule	142
6.8	Ein Wahlkurs „Gymkerei"	156
6.9	Schulimkerei – Bees4Gymeck	167
6.10	Eine Schulimkerei am Stadtgymnasium	182
6.11	Initiative: Digitalisierung und Imkerei	201
6.12	Auch wir Lehrer lernen im Bienen-Projekt	209
7	**Ein vorausschauender Rückblick**	**221**
7.1	Nach dem Spiel ist vor dem Spiel – die methodologische Reflektion	221
7.2	10 Regeln für eine erfolgreiche Projektarbeit	225
8	**Epilog**	**229**
Anhang		**233**
Bildverzeichnis		233
QR-Code-Verzeichnis		236
Literaturverzeichnis		239

„Sei mir gegrüßt, du lieber Mai,
Mit Laub und Blüten mancherlei!
Seid mir gegrüßt, ihr lieben Bienen,
Vom Morgensonnenstrahl beschienen!"
(Wilhelm Busch)[1]

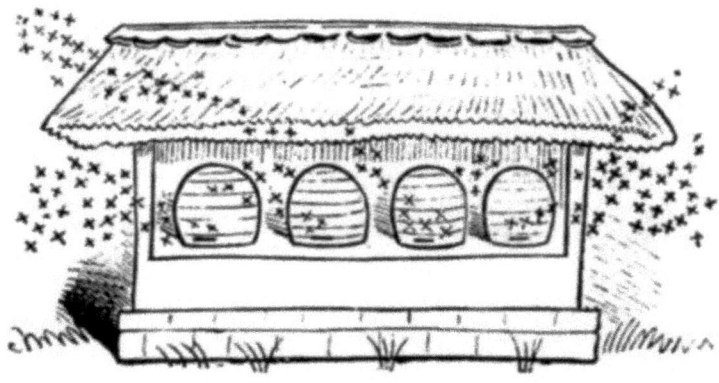

Bild 3: Imker Dralles Bienenhaus nach (Busch, 1962, vol. 2, S. 268)

---

1 Zitiert nach (W. Busch 1962), Bd. 2, S. 268.

Symbolerklärung

Zeit ist eine begrenzte und daher wertvolle Ressource. Daher ist dieses Buch so gestaltet, dass man es schnell navigieren kann.

Für besonders wichtige Textpassagen gibt es die folgenden Kennzeichnungen:

🕮 Merkstoff!

🎓 Anspruchsvolle Aufgabe

▶ Lösungsvorschlag

ⓘ Hinweis

❗ Wichtig!

➕ Chance für positives Feedback

💡 Idee

„Wir sind nicht nur für das verantwortlich,
was wir tun, sondern auch für das,
was wir widerspruchslos hinnehmen."
(Arthur Schopenhauer1 (Schoppenhauer, 1850))

---

1   Zitiert nach (Schoppenhauer, 1850), Zugriff 21. Juli 2024.

1 Prolog

Es war einmal ein lauwarmer Abend. Frau Neumann saß an ihrem Tisch und blickte nach draußen. Durch das angelehnte Fenster drangen der Gesang der Amseln und der ferne Verkehrslärm. Die abendliche Sonne malte Muster auf den Laptop, der aufgeklappt vor ihr stand.

Eigentlich sollte sie die nächste Unterrichtsstunde „Natur und Technik" für Ihre 7b vorbereiten. Aber irgendwie kam sie nicht voran.

Der Gedanke an die Jugendlichen, deren Stimmung zwischen Null-Bock-auf-Schule und diskussionsfreudigem Weltverbesserertum schwankte, lähmte ihre Kreativität und ihre Schaffenskraft.

Nur mal schnell die Nachrichten checken, dachte sie und öffnete flink einen neuen Tab im Browser. Gleich nach den Nachrichten aus dem Ausland stieß sie auf die Meldung zum Urteil des Bundesverfassungsgerichtes vom 29. April 2021:

> *„Mit heute veröffentlichtem Beschluss hat der Erste Senat des Bundesverfassungsgerichts entschieden, dass die Regelungen des Klimaschutzgesetzes vom 12. Dezember 2019 (Klimaschutzgesetz <KSG>) über die nationalen Klimaschutzziele und die bis zum Jahr 2030 zulässigen Jahresemissionsmengen insofern mit Grundrechten unvereinbar sind, als hinreichende Maßgaben für die weitere Emissionsreduktion ab dem Jahr 2031 fehlen."* (Bundesverfassungsgericht, 2021)

> *„Von diesen künftigen Emissionsminderungspflichten ist praktisch jegliche Freiheit potenziell betroffen, weil noch nahezu alle Bereiche menschlichen Lebens mit der Emission von Treibhausgasen verbunden und damit nach 2030 von drastischen Einschränkungen*

bedroht sind, heißt es in der Erklärung des obersten deutschen Gerichts vom 29.4.2021." (Bundesverfassungsgericht, 2021)

Oha, das waren ja interessante Neuigkeiten.

Gleich darunter war ein weiterer Artikel: Die Stimmen aus der Politik. Sie las weiter:

„Wirtschaftsminister Altmaier sieht noch die Möglichkeit zu Nachbesserungen bis zur Bundestagswahl. ‚Da gibt's eine schmale Chance, das noch zu ermöglichen', sagte er am Donnerstagabend im ZDF-heute journal. Er sei bereit, in der nächsten Woche auf die Parteien im Bundestag zuzugehen, gern auch mit Bundesumweltministerin Svenja Schulze (SPD).

Umweltministerin Schulze erklärte sich in den ARD-Tagesthemen bereit, ‚ein Gesetz vorzulegen'. Sie sei gespannt, ob die Union da mitgehe. Die SPD-Politikerin bezeichnete das Urteil als „Rückenwind für den Klimaschutz". Sie machte die Union verantwortlich, dass nicht weiter als bis 2030 geplant werden konnte." (Holland, 2021)

Offenbar waren die Parteien damit beschäftigt, sich für den kommenden Bundestagswahlkampf zu positionieren.

Ob dabei auch an die Jugendlichen gedacht wurde?

Auf diese wurde weiter unten in den Meldungen, bezogen auf das Urteil des Verfassungsgerichtes 1 BvR 2656/18, Bezug genommen:

„Die teils noch sehr jungen Beschwerdeführenden seien durch Regelungen in dem Gesetz in ihren Freiheitsrechten verletzt, erklärten die Richter. ‚Die Vorschriften verschieben hohe Emissionsminderungslasten unumkehrbar auf Zeiträume nach 2030.' Wenn das CO2-Budget schon bis zum Jahr 2030 umfangreich verbraucht werde, verschärfe dies das Risiko ‚schwerwiegender Freiheitseinbußen', weil die Zeitspanne für technische und soziale Entwicklungen knapper werde." (Holland, 2021)

Sie konnte sich die Kommentare der Schüler schon wieder vorstellen: „Wir werden mit unseren Beiträgen ihre Rente zahlen. Und Sie? Ihre Generation zerstört unsere Zukunft."

Sie war sich bewusst, dass das Thema „Umwelt- und Klimaschutz" für viele Jugendliche einen hohen Stellenwert hatte. Das wusste sie aus den bisherigen Diskussionen in der Klasse sowie aus der im April 2018 veröffentlichten Studie „Zukunft? Jugend fragen" des Bundesministeriums für Umwelt, Naturschutz und nukleare Sicherheit. Darin steht:

„Was Umwelt- und Klimaschutz betrifft, besteht ein sehr hohes Problembewusstsein. Jugendliche und junge Erwachsene sind sich klar darüber, dass es um die Lebensgrundlagen und Zukunftsaussichten ihrer eigenen Generation geht. Über Einzelheiten und Zusammenhänge fühlen sie sich jedoch oft unzureichend informiert. Sie bedauern, dass Nachhaltigkeitsthemen in öffentlichen Bildungseinrichtungen nicht den Stellenwert haben, den sie ihrer Meinung nach haben sollten." (Bundesministerium für Umwelt, Naturschutz und nukleare Sicherheit, 2018, p. 18)

Die der Studie zugrunde liegenden Daten wurden 2017 im Rahmen einer Repräsentativbefragung mit über 1.000 jungen Menschen zwischen 14 und 22 Jahren sowie einer qualitativen Online-Community erfasst. (Bundesministerium für Umwelt, Naturschutz und nukleare Sicherheit, 2018, p. 10)

Im Jahre 2022 wurde die Studie „Zukunft? Jugend fragen!" aktualisiert. Zu den wichtigsten gesellschaftlichen Themen gehört auch dabei der **Zustand des Bildungswesens**.

„Die meisten sind überzeugt, dass der Klimawandel durch gemeinsames Engagement bekämpft werden kann. Sie finden, dass die Politik mehr auf junge Menschen hören sollte.

> *Die Hälfte der Befragten berichtet, dass das Engagement junger Menschen für den Klimaschutz das eigene Leben beeinflusst, etwa, indem sie sich mehr mit umwelt- und klimafreundlichen Handlungsmöglichkeiten befassen."*
>
> *(Bundesministerium für Umwelt, Naturschutz und nukleare Sicherheit, 2022, p. 9)*

Bedauerlicherweise haben jungen Menschen außerdem die folgende Wahrnehmung:

> *„Ein Rückgang zeigt sich bei der Zufriedenheit mit dem Einsatz von Schulen und anderen Bildungseinrichtungen für den Umwelt- und Klimaschutz von 41 auf 35 Prozent." (Bundesministerium für Umwelt, Naturschutz und nukleare Sicherheit, 2022, p. 31)*

Frau Neumann wusste auch, dass sich einige Schüler aus ihrer Klasse bei der Bewegung „Fridays for Future" engagierten. „Fridays for Future"? Schnell glitten Ihre Finger über die Tastatur und riefen die entsprechende Webseite auf. Dort stand:

> *„FFF, is a global climate strike movement that started in August 2018, when 15-year-old Greta Thunberg began a school strike for climate. In the three weeks leading up to the Swedish election, she sat outside Swedish Parliament every school day, demanding urgent action on the climate crisis. She was tired of society's unwillingness to see the climate crisis for what it is: a crisis.*
>
> *To begin with, she was alone, but she was soon joined by others. On the 8th of September, Greta and her fellow school strikers decided to continue their strike until the Swedish policies provided a safe pathway well under 2° C, i.e. in line with the Paris agreement. They created the hashtag #FridaysForFuture, and encouraged other young people all over the world to join them. This marked the beginning of the global school strike for climate.*

*Their call for action sparked an international awakening, with
students and activists uniting around the globe to protest outside their
local parliaments and city halls. Along with other groups across the
world, Fridays for Future is part of a hopeful new wave of change,
inspiring millions of people to take action on the climate crisis, and
we want you to become one of us!"* (Fridays for Future, 2023)

Ausgerechnet einer ihrer Schüler, Henrik, hatte sich aktiv für die Teilnahme ihrer und der naheliegenden Schulen an der freitäglichen Demonstration während des Unterrichts engagiert.

Herr Müller, der Direktor, war - als er davon erfuhr - in ihren Unterricht gestürmt und hatte mit Verweisen gedroht.

Die Klasse, die sich um Ihre Zukunft betrogen und ungerecht behandelt sah, hatte zuerst mit lautstarkem Protest und dann hauptsächlich mit Resignation reagiert. Schule war doof. Keiner verstand sie.

Der Blick von Frau Neumann fiel auf einen Bilderrahmen an der Wand neben ihrem Tisch. Darin war die „World Scientists' Warning to Humanity" eingerahmt.

Die Erklärung wurde 1992 von 1600 Wissenschaftlern, darunter 102 Nobelpreisträgern aus 70 Ländern unterzeichnet.

*„Human beings and the natural world are on a collision course.
Human activities inflict harsh and often irreversible damage on
the environment and on critical resources. If not checked, many of
our current practices put at serious risk the future that we wish for
human society and the plant and animal kingdoms, and may so alter
the living world that it will be unable to sustain life in the manner
that we know. Fundamental changes are urgent if we are to avoid the
collision our present course will bring about."* (Union of concerned
Scientists, 1992)

Der Rahmen mit dem Zitat war ein Relikt aus ihrer Sturm-und-Drang-Zeit. 1992 weilte sie im Rahmen eines Schüleraustausches in Spanien. Damals, am 3. Dezember, lief der Tanker Aegean Sea vor der spanischen Küste auf einen Felsen und verlor etwa 80.000 Tonnen Rohöl in der Bucht von La Coruna. Die Küste Galiciens wurde auf einer Länge von 200 Kilometern verschmutzt. (Lutteroth, 2012)

Sie hatte es mit eigenen Augen gesehen. Schockiert und mit dem Wunsch, etwas zu tun, war sie zurückgekehrt. Sie hatte diskutiert, protestiert und das Zitat eingerahmt.

Das war damals.

Nun war sie Lehrerin. Und in der im April 2018 veröffentlichten Studie „Zukunft? Jugend fragen!" formulierte das Bundesministerium für Umwelt, Naturschutz und nukleare Sicherheit die Erwartungshaltung, dass die Lehrkräfte der Bildungsinstitutionen nachhaltiges Handeln vorlebten und entsprechende Lerninhalte vermittelten.

„Junge Menschen verbringen viel Zeit in Bildungsinstitutionen. Sie erleben dabei, welche Rolle Umwelt- und Klimaschutz in der Schule, der Universität oder ihrer Ausbildungsstätte spielen. An diesen Orten bietet sich einerseits die Chance, dass nachhaltiges Handeln ganz praktisch erfahrbar gemacht wird, indem es beispielsweise von Lehrerinnen und Lehrern vorgelebt wird. Andererseits sieht das Konzept der Bildung für nachhaltige Entwicklung (BNE) vor, dass Lerninhalte mit Nachhaltigkeitsbezug wie Klimaschutz und Biodiversität in allen Bildungsbereichen verankert werden. BNE ist ein weltweites Programm der UNESCO mit dem Ziel, nachhaltige Entwicklung für alle Altersstufen und für formale wie auch nonformale Bildungsformen zu fördern und in den Bildungsbereichen zu verankern. Im Rahmen von BNE sollen die Lernenden Gestaltungskompetenzen für nachhaltiges Handeln erwerben. Sie sollen in die Lage versetzt werden, aktiv und eigenverantwortlich die Zukunft mitzugestalten und so zu einer gerechten und

umweltverträglichen Entwicklung der Welt beitragen zu können."
(Bundesministerium für Umwelt, Naturschutz und nukleare Sicherheit, 2018, p. 49)

Es war also an ihr, nachhaltiges Handeln vorzuleben und entsprechende Lerninhalte zu vermitteln.
Sie fasste Ihre Gedanken zusammen.

- Die Warnsignale zum Zustand der Umwelt aus der wissenschaftlichen Gemeinschaft waren lange ignoriert worden.
- Das oberste deutsche Gericht verordnete der Gesetzgebung zum Klimaschutz Nachsitzen.
- Die Politiker waren gedanklich mit dem Wahlkampf beschäftigt.
- Und sie musste morgen vor die heranwachsende, problembewusste Generation treten, die für die Erhaltung der Umwelt auf die Straße ging.

Anspruchsvolle Aufgabe

Wie konnte sie in dieser komplexen Problemsituation Ihren Lehrauftrag zur Bildung für nachhaltige Entwicklung mit Lerninhalten zum Nachhaltigkeitsbezug wie Klimaschutz und Biodiversität erfolgreich umsetzen?

Sie saß an ihrem Tisch und fühlte sich mit einer sehr großen Aufgabe alleingelassen. Wie damals.

Bild 4: Bienen als Baumeister nach (Busch, 1962, vols 2, S. 268)

„Nach unserer Überzeugung gibt es
kein größeres und wirksameres Mittel
zu wechselseitiger Bildung
als das Zusammenarbeiten überhaupt."
(Johann Wolfgang von Goethe (1815))

2 Problemsituationen analysieren und reagieren

Frau Neumann suchte nach originellen Ideen für ihre Unterrichtsvorbereitung. Sie brauchte ein paar Anregungen.

Als sie schon in ihren Unterlagen nach Material zum Thema „Didaktische Führung des pädagogischen Prozesses" greifen wollte, fiel ihr Blick auf ein neues Buch, das sie von ihrem Kollegium zum Geburtstag bekommen hatte. „Lehren und Lernen – Humor als Schlüsselfaktor" – ja, Humor konnte sie jetzt gut gebrauchen.

QR-Code 1: Buch „Lehren und Lernen – Humor als Schlüsselfaktor" (Busch, Busch and Busch, 2023)

Ihr war klar, dass sie in ihrem Einstieg in die Unterrichtsstunde die vorhandene Spannung nutzen musste, um die Motivierung zum gemeinsamen Lösen der in der vorliegenden Thematik vorhandenen Widersprüche aufzubauen und zu erhalten.

Langsam formte sich daraus eine Idee.

- Wie könnte sie die Schüler emotional erreichen?
- Eine lernfördernde Situation schaffen, die für die Schüler die Not-

wendigkeit zum Erwerben von neuen Kompetenzen deutlich und zwingend werden lässt?
- Einen demokratischen Führungsstil nutzen, bei dem die Schüler beim gemeinsamen Arbeiten auf dem Weg zum Ziel zwar zielorientiert und konsequent geführt werden, bei dem jedoch die Kompetenzen jedes Einzelnen unverzichtbar sind und voll gefordert werden?

Es war eine Idee, die sie über die morgige Stunde retten könnte und vielleicht auch darüber hinaus.

Manchmal wächst aus einer Idee unverhofft ein ganzer Ideenbaum.

Auf dem Weg zum Lehrerzimmer traf Frau Neumann unerwartet Herrn Müller, den Direktor.

Nach der freundlichen Begrüßung offenbarte er ihr, dass auch er in so etwas wie einer Zwickmühle steckte:

Einerseits begrüße er das Engagement der Schülerinnen und Schüler für das Erhalten der Umwelt außerordentlich und würde auch gern freitags dabei sein – andererseits handelt es sich um einen klaren Verstoß gegen die Schulpflicht.

Einige Schulleitungen, Lehrer, Eltern und Schüler hätten sich auf **Kompromisse** geeignet, aber Kompromisse seien keine echte Lösung des Problems – sie lösten die Widersprüche nicht.

Spontan und risikobereit entschließen sich Frau Neumann und Herr Müller:

Sie wollen beide gemeinsam sofort in die Klasse gehen und versuchen, gemeinsam mit den Schülerinnen und Schülern in demokratischer Diskussion eine Lösung zu finden.

Mal sehen, ob das klappt. Die Klasse wundert sich zunächst über den „hohen Besuch".

Der Direktor schildert zunächst offen die Problemsituation und verschweigt dabei nicht, wie er dabei „zwischen zwei Stühlen sitzt".

Um zu zeigen, dass viele Lehrer ähnlich wie die Schüler fühlen und denken, bittet er Frau Neumann, ihre Position darzulegen.

Entschlossen tritt sie vor die Schüler. Sie hält für einen Moment inne, schaut reihum in die Augen der Jugendlichen und erzählt dann mit bewegter Stimme von dem Zitat an ihrer Wand, ihrem Schüleraustausch in Spanien 1992 und wie sie sich damals gefühlt hatte.

„Nach aktuellen Erkenntnissen leben Lehrer und Schüler auf dem gleichen Planeten.", fährt sie fort und lächelt in die Klasse. Der eine oder andere schmunzelt zurück.

„Unsere Umwelt ist in Gefahr. Wer soll sie für uns retten?"

Interessiertes Schweigen in der Klasse.

▶ Lösungsvorschlag

Herr Müller unterbricht – nach einer kurzen Besinnungspause – das Schweigen:
„Frau Neumann und ich machen euch einen Vorschlag. Wir wissen, dass ihr sehr motiviert und engagiert seid und auch viele originelle Ideen habt – und das nicht nur, um Streiche zu machen.

Wie wäre es, wenn wir überlegen würden, welche Möglichkeiten ihr selbst – und auch mit unserer Unterstützung – habt, um einen wirksamen Beitrag zum Erhalt der Umwelt zu leisten.

Wenn in den Unternehmen neue Ideen für Innovationen erarbeitet werden sollen, wird dort ein Verfahren angewendet, das nicht nur sehr effektiv ist, sondern dabei auch noch Spaß macht.

Wenn ihr einverstanden seid, wird euch Frau Neumann das erklären und mit euch gemeinsam ausprobieren. Frau Neumann hat das bereits in einem anderen Projekt erfolgreich eingesetzt."

Die Schüler nicken zunächst noch zaghaft. Henrik erhält von allen Zustimmung, als er sagt:

„Passt scho. Wir können das ja mal probieren."

Mit den Worten „Viel Erfolg, und ich bin sehr auf eure Ideen gespannt." verabschiedet sich Herr Müller.

2.1 Ideenkonferenz mit Brainstorming

Frau Neumann freut sich über den erreichten Stand der Diskussion und erläuterte dann die Methode „Brainstorming".

▶ Lösungsvorschlag
Beim Brainstorming wird die Ideensuche konsequent von der Bewertung der Ideen getrennt. Besonderes Augenmerk wird darauf gelegt, eine Atmosphäre zu schaffen, die einen positiven Einfluss für den ungehemmten Ideenfluss schafft.
Dazu gibt es spezielle „Spielregeln".
Zur Durchführung sind 5 bis 12 „Mitspieler", ein „Spielleiter" und möglichst ein Protokollant erforderlich.
Die Dauer einer Brainstorming-Sitzung sollte 20 bis 50 Minuten betragen.

❗ Wichtig!
Folgende Verfahrensweise sollte beachtet werden:
- Vorbereitung
  Bekanntgabe der Problemstellung
  Möglichst einen runden Tisch bereitstellen.
- Durchführung
  Der Spielleiter eröffnet und gibt die „Spielregeln" und die Problemstellung bekannt.
  Die Teilnehmer äußern ihre Gedanken (Keine Referate! Keine „Killerphrasen"!).
  Der „Spielleiter" achtet auf die Einhaltung der „Spielregeln".

Problemsituationen analysieren und reagieren | 37

Alle Ideen werden aufgezeichnet (Tafel, PC).
▶ Auswertung
Die Ideen werden gesichtet und kritisch bewertet.
Die Ergebnisse werden den Interessenten zur Verfügung gestellt

Frau Neumann war bereit, die Rolle der Spielleiterin zu übernehmen.

Paul wurde als Protokollführer gewählt. Er sollte alle geäußerten Ideen – für alle sichtbar – an die Tafel schreiben.

Als zweite Protokollführerin erklärte sich Susanne bereit. Sie wollte die Ideen gleichzeitig auf ihrem Laptop notieren, damit die Ideen zu einer weiteren Verarbeitung verfügbar wären.

🛈 Hinweis

Weiterführende Informationen zum Brainstorming finden sich unter anderem hier:

QR-Code 2: Buch „Methodik der Innovation" (Busch et al., 2023)

Die Dauer dieser Ideenkonferenz wurde auf 15 Minuten festgelegt. Nach einem kurzen Zögern floss der Ideenstrom, die beiden Protokollanten hatten Mühe, so schnell alles mitzuschreiben. Sie notierten:

- Mehr Elektroautos
- Mehr Tankstellen für die Elektroautos
- Wasserstoff-Autos
- Bäume pflanzen
- Bienensterben verhindern
- Selbst Bienen halten

- Insekten schützen
- Bienenwiese mit Blumen ansähen
- Insektengifte verbieten
- Pflanzengifte verbieten
- Für die Bienen „Wohnungen" bauen
- Kameras in die Bienenkörbe, um diese ungestört zu beobachten
- Mit dem Fahrrad zur Schule fahren
- Bau von mehr Radwegen
- Im Bauernladen Gemüse von hier einkaufen
- Weniger Fleisch essen
- Blumen in der Stadt auf den Rasen pflanzen
- Plakate für die Umwelt malen
- Anderen Ländern bei der Erhaltung der Umwelt helfen

Wie bei einem Mannschaftsspiel im Handball oder Fußball spielten sich die „Mitspieler" die Ideen wie Bälle zu und regten sich dabei zu immer neuen eigenen Ideen an.

Fast pünktlich zum Stundenschluss standen 19 Vorschläge an der Tafel und auf dem Bildschirm.

⊕ Chance für positives Feedback
Die Schülerinnen und Schüler waren erfreut und erstaunt, welche Ideenflut sie in dieser kurzen Zeit erzeugt hatten. Es hatte ihnen auch offensichtlich Spaß gemacht.

Frau Neumann versicherte ihnen, dass ihre Ideen in der nächsten Stunde gemeinsam diskutiert und ausgewertet würden.

In der Pause unterhielten sich die Schüler weiter angeregt zu diesem Thema.

Nach der letzten Stunde wurde Frau Neumann vor dem Lehrerzimmer von Henrik und ein paar anderen erwartet. Offensichtlich hatte sich die Klasse darauf verständigt, das Angebot zum gemeinsamen Handeln anzunehmen. Wenn Frau Neumann in der nächsten Stunde Zeit einräumen würde, würden sie Vorschläge unterbreiten und zur Abstimmung bringen. Freudig überrascht willigte Frau Neumann ein.

In den nächsten Stunden und Tagen lief der Klassenchat heiß. Frau Neumann kam schließlich mit dem Lesen nicht mehr hinterher und dachte etwas besorgt bei sich: „Die Geister, die ich rief …".

⊕ Chance für positives Feedback

Die nächste Stunde kam und mit ihr zahlreiche, vielfältige Vorschläge. Jedes Thema wurde in einem kurzen Vortrag vorgestellt. So engagiert und gut vorbereitet hatte sie die Klasse noch nie erlebt, stellte Frau Neumann fest.

In der nachfolgenden Auswertung und Weiterbearbeitung kam es zu folgenden Ergebnissen:

Die Vorschläge wurden in drei Gruppen eingeteilt,

- sofort zu verwirklichen,
- für spätere Projekte und Aktionen vorsehen und
- nicht weiterbearbeiten, weil es mit den eigenen Kompetenzen und Ressourcen in absehbarer Zeit nicht möglich erscheint

In die Gruppe der sofort realisierbaren Vorschläge wurden eingeordnet:
- Gemeinsame Aktion für den Erhalt der Bienen
- Mit dem Fahrrad zur Schule fahren
- Gemüse aus der Region einkaufen

Für die nicht selbst realisierbaren Ideen wurden notiert:
- Einsatz der Wasserstofftechnologien
- Bau von Radwegen
- Einsatz von Elektroautos

- Bau von Tankstellen für Elektroautos
- Insektengifte verbieten
- Andere Länder im Umweltschutz unterstützen

2.2 Projektidee Bienen – in der Schule!?

Bei der folgenden Abstimmung gewann die Idee, etwas gegen das Bienensterben zu tun. Die Argumentation war, dass das Thema in Deutschland breit kommuniziert wurde und viele – vor allem praktische - Handlungsoptionen zur Einbindung in den Unterricht bietet.

In ihrem Vortrag hatte Marieke, die Klassenbeste, die wichtigen Fakten griffig zusammengetragen.

Das Bienensterben ist ein weltweites Problem, weist aber regional unterschiedliche Besonderheiten auf. (Schibilsky, 2008; welt.de, 2015; Billig and Geist, 2016; Reimer and Haefeker, 2017)

„Rund 80 Prozent unserer 2.000 – 3.000 heimischen Nutz- und Wildpflanzen müssen von Honigbienen bestäubt werden. Das macht sie zum drittwichtigsten Nutztier in Deutschland, nach dem Rind und dem Schwein." (Bundesregierung, 2018)

Die Bienen leisten einen signifikanten Beitrag zur Bestäubung; daher ist der Erhalt der Bienen und des Imkerwesens von Bedeutung für die Gesamtwirtschaftsleistung Europas und Deutschlands. (Klatt *et al.*, 2014)

Die Anzahl der Bienenvölker in Deutschland ist von 1951 bis 2022 von 2.082.600 auf etwa 924.176, d.h. um rund 56%, zurückgegangen. (DIB, 2022; Business-biene.de, 2023)

Frau Neumanns einziges Erlebnis mit Bienen lag Jahre zurück. Sie war barfuß über eine Wiese gelaufen und dabei auf eine Biene getreten. Die Einstichstelle hatte sich entzündet und so hatte sie noch einige Tage etwas von ihrer Begegnung mit einer Biene gehabt.

Sie wusste nur wenig über Bienen und darüber, wie diese zu halten waren.

Und die Klasse blickte gespannt auf Frau Neumann ...

Mit dem Versprechen, sich mit dem Thema zu beschäftigen, sicherte sich Frau Neumann etwas Zeit und einen rettenden Abgang. „Was habe ich mir da nur eingebrockt", dachte sie.

Ihre Idee reifte: Alle Überlegungen und Aktivitäten sollen in einem Projekt gebündelt werden.

42 | Der Wirtschaftsfaktor Bienen – ein Praxisprojekt

„Wie zärtlich sorgt die Tante Linchen
Für's liebe kleine Wickelkind!
»Hol Wasser!« ruft sie, »liebes Minchen,
Und koch den Brei, und mach geschwind!«"
(Wilhelm Busch)[1]

Bild 5: Bienen bei der Brutpflege nach (Busch, 1962, vols 2, S. 269)

---

1   Zitiert nach W. Busch, 1962, Bde. 2, S. 269.

„Jede Zeit hat ihre Aufgabe,
und durch die Lösung derselben
rückt die Menschheit weiter."
(Heinrich Heine[1] (Heine, 2024))

---

1 Zitiert nach (Heine, 2024)

3 Der Einsatz methodischer Mittel als Lösung

Die Thematik „Bienen" war für alle neu: Für die Schülerinnen und Schüler, für den Direktor und auch für Frau Neumann.

Folglich mussten auch für alle Beteiligten neue Wege eingeschlagen werden. Das war für Frau Neumann Anlass, sich wieder genauer mit dem Lernziel und den Wegen zum Ziel, also den Lerntechniken und Lehr- und Lernmethoden sowie den didaktischen Prinzipien zu beschäftigen.

3.1 Der Einsatz von Lerntechniken

Der Einsatz von Lerntechniken, also das Lernen zu lehren, war für Frau Neumann seit ihrem Start in das Berufsleben eine stets gelebte Selbstverständlichkeit. Es war ihr Anliegen, die Vermittlung des Unterrichtsstoffes mit der Vermittlung von Lerntechniken zu verbinden, um das Lernen erfolgreich und effektiv zu gestalten und damit auch die Grundlagen für einen lebenslangen selbstbestimmten Kompetenzerwerb zu schaffen. Dieses lebenslange selbständige Lernen war notwendig, wenn sich die Schüler nicht auf eine einmalige Aktion orientieren sollten, sondern auch in ihrem weiteren Leben ständig engagiert und vorbildwirkend tätig sein sollten und wollten.

> **ⓘ Hinweis**
>
> Weiterführende Informationen zu Lerntechniken finden sich unter anderem im Buch „Lehren und Lernen – Humor als Schlüsselfaktor"
>
>
>
> **QR-Code 3: Buch „Lehren und Lernen – Humor als Schlüsselfaktor" (Busch, Busch and Busch, 2023)**

In diesem Projekt erübrigte es sich, auf die Technik der Selbstmotivation besonders zu achten, denn die Schülerinnen und Schüler waren aktuell und von Beginn an stark motiviert.

Die Techniken des Wechsels von Informationsaufnahme und -verarbeitung, die Technik des Portionierens der Lerninhalte und das Vortragen von erarbeiteten Erkenntnissen und Zwischenergebnissen ergaben sich automatisch in der Projektbearbeitung.

3.2 Der Einsatz von Lehr- und Lernmethoden

Von den allgemein üblichen Lernmethoden gefiel Frau Lehman die Projektmethode am besten.

„Ein Projekt?" überlegte Frau Lehman und präzisierte dann: „Ein Bienen-Projekt!".

Der Einsatz methodischer Mittel als Lösung | 47

ⓘ Hinweis

Weiterführende Informationen zur Projektmethode finden sich unter anderem im Buch „Lehren und Lernen – Humor als Schlüsselfaktor"

QR-Code 4: Buch „Lehren und Lernen – Humor als Schlüsselfaktor" (Busch, Busch and Busch, 2023)

Bei einem Bienen-Projekt gab es sicherlich viele Probleme zu lösen. Sie könnte in diesem Prozess den Lehrstoff nebenbei als Lösung anbieten. Durch die praktische Anwendung würde das Gelernte gefestigt.

Darüber hinaus war dies für sie und die Schüler der 7b eine hervorragende Möglichkeit, vorhandene Fähigkeiten einzusetzen, auszutauschen und gemeinsam neue zu erwerben. Das Meistern der Herausforderungen im Rudel wäre motivierend für die Klasse und für jeden, der zum Erfolg des Projektes seine Fähigkeiten einbrachte.

„Das könnte klappen", dachte sie bei sich.

🎯 Anspruchsvolle Aufgabe

Die nächste Herausforderung war es, die Frage zu beantworten: „Was braucht man für ein Bienen-Projekt?".

💡 Idee

Eine hervorragende Aufgabe für die Schüler!

3.3 Die Anwendung des Prinzips der schöpferischen Tätigkeit

Aus den bisherigen Diskussionen und Überlegungen hatte sich klar abgezeichnet, dass ein Bienen-Projekt praktikable und zugleich möglichst originelle Lösungen bringen könnte und damit einen Beitrag
- zum Erhalten der Umwelt
- und dabei besonders zum bestmöglichen Gewährleisten und Verbessern der Bienengesundheit

leisten konnte.

Als erfahrene Lehrerin sah sie auch die Chance, dass die beteiligten Schülerinnen und Schüler gleichzeitig Kenntnisse und Fertigkeiten – also Kompetenzen
- zur weiteren Motivation zum Einsatz für den Umweltschutz,
- zur praktischen Betreuung von Bienen,
- zum Entwerfen und Anfertigen von Ausrüstungen für die Bienenhaltung,
- zur schöpferischen Tätigkeit allgemein,
- zum selbstgesteuerten Lernen besonders auch unter der Nutzung moderner Informations- und Kommunikationsmittel,
- zur Organisation von Projekten,
- zur Verbreitung der Gedanken und Einstellungen zum Umweltschutz und
- zur Entwicklung und Festigung der Arbeit in schöpferischen Gruppen

erwerben konnten und sollten.

Die bewusste Anwendung des didaktischen Prinzips der schöpferischen Tätigkeit schließt ein, dass dabei geeignete Kreativitätstechniken eingesetzt werden.

Frau Neumann erinnerte sich daran, dass sie im Studium gelernt hatte, dass sich die „Erfindungskunst" (Heuristik) auf eine einfache Grundregel reduzieren lässt:

Erinnern an Ähnliches und

Anpassen der Analoga an die konkrete Situation.

Aus diesem Grundgedanken haben sich in der Vergangenheit (und auch noch gegenwärtig) hunderte von Regeln, Verfahren und „Rezepte" entwickelt, die sich jedoch auf wenige Grundbausteine (Basismethoden) reduzieren lassen, so wie wir mit wenigen Grundrechenarten auskommen.

Zu diesen Basismethoden rechnen wir:

- Die Analogiemethode,
- die Variationsmethode,
- die Kombinationsmethode und
- die Dialogmethode.

ⓘ Hinweis

Weiterführende Informationen zu den Problemlösemethoden finden sich unter anderem im Buch „Methodik der Innovation":

QR-Code 5: Buch „Methodik der Innovation" (Busch et al., 2023)

4 Erforderliche infrastrukturelle Bedingungen

4.1 Einführung

Frau Neumann wusste, dass zur erfolgreichen Bearbeitung eines Projektes folgende Bedingungen erforderlich sind:
- Die materiellen,
- die instrumentellen,
- die personellen und
- die finanziellen Voraussetzungen.

Ihr Vorschlag, mit einem Projekt etwas gegen das Bienensterben zu tun, wurde von den Jugendlichen der 7b begeistert aufgenommen.

Man einigte sich darauf, in vier entsprechenden Listen die Voraussetzungen für das Projekt zusammenzutragen.

Doch wie sollte die verteilte, unter Umständen gleichzeitige Arbeit daran ermöglicht werden?

Helene, die ruhige, nerdige Außenseiterin, meldete sich zu Wort. Sie würde gern die entsprechende IT-Lösung aufsetzen, um die Listen zu hosten. Die anderen nickten anerkennend.

Die inhaltliche Planung des Projektes war eine Aufgabe die hervorragend in den Herbst und Winter passte, denn dann sind die Bienen in der Winterruhe.

Die Schüler recherchierten selbst nach entsprechender Literatur. Dabei fanden Sie ein Buch zum Thema, das speziell für Jugendliche geschrieben worden war:

„Angespielt: Imkerei".

QR-Code 6: Buch „Angespielt: Imkerei" (Busch et al., 2021)

Im Folgenden sind die zusammengetragenen Listen mit den materiellen, instrumentellen, personellen und finanziellen Voraussetzungen aufgeführt.

4.2 Die materiellen Voraussetzungen

Zur Infrastruktur gehören folgende materiellen Voraussetzungen:
- die erforderlichen Arbeits-, Lehr- und Lernmittel einschließlich der eventuell erforderlichen zugehörigen Hard- und Software,
- ergänzende spezielle Lern- und Arbeitsmittel bzw. Spezialgerätetechnik,
- geeignete Materialien für die Realisierung der erarbeiteten Ideen und Konzepte,
- geeignet gestaltete Lern- und Arbeitsorte mit einer zweckmäßigen Ausstattung der Räume und Gebäude,

- Verfügbarkeit von geeigneten Flächen zur Realisierung der erarbeiteten Lösungen und
- Informations- und Kommunikationseinrichtungen, die – je nach Aufgabenstellung - das Beschaffen und Verarbeiten von Informationen ermöglichen und die Kommunikation zwischen allen Beteiligten gestattet.

Im konkreten Fall sind dies die Materialien, die für die Imkerei benötigt werden.

Das erforderliche Material

Folgendes Material wird für die imkerliche Arbeit an den Bienen benötigt:

- Stockmeißel
- Besen
- Schutzhemd (alternativ Schleier)
- Schlüpfschleier
- Handschuhe mit Stulpe
- Smoker Edelstahl
- Stab-Feuerzeug
- Zündstoff (selber Holz häckseln)
- Rauchstoff (alte Eierkartons)
- Zander Einfachbeute mit Deckel (1 x)
- Rähmchen (30 x)
- Folie zur Abdeckung der obersten Zarge (1 x)
- Beutenunterbau für bis zu 6 Völker:
- 2 Beton Schalsteine, 2 Kanthölzer a 3m
- Zurrgurt 3 m mit Metallschloss für 3 Zargen (1x)

Folgendes Material ist für die Honigernte und -verarbeitung erforderlich. Es kann bei einem Imkerverein oder betreuenden Imker ausgeliehen werden.

- Entdecklungsgabel
- Entdecklungsgeschirr
- Dampfwachsschmelzer (alternativ Sonnenwachsschmelzer)
- Honigstampfer
- Refraktometer
- 4-Waben-tangential-Handschleuder
- Honigabfüllkanne 30 kg
- Edelstahl Doppelsieb
- Nylon Sieb ohne Stativ
- Stativ für Nylon Sieb

Außerdem wird gebraucht:

- Bienenvolk
- Winterfütterung Apiinvert 28 kg (Basis Zuckerrübe)
- Ameisensäure ad. us. Vet., 1 kg Flasche
- Verdunster Doppelpack
- Honigeimer 12,5 kg
- Honigglas (12 x)
- Etikett (100 x)

Erforderliche infrastrukturelle Bedingungen

Hier sind Links zu zwei lokalen Fachhändlern für Imkereizubehör:

QR-Code 7: Kontakt lokale Fachhändler für Imkereizubehör

Des Weiteren sind sinnvoll:
- Geeigneter Standort für die Bienen
- Unterrichtsraum für die Besprechung des Projektes und der Fachthemen
- Arbeitsplatz zur Durchführung von imkerlichen Arbeiten
- Abschließbarer Stauraum für das Material im Schulgebäude
- Hygienisch einwandfreier Arbeitsplatz zum Verarbeiten des Honigs
- Lehrmaterialien, zum Beispiel vom Medieninstitut der Länder (FWU, 2021)
- Modelle der Honigbiene, verschiedene Blüten, Bestäubung
- Schaukästen
- Mikroskopische Präparate zur Anatomie wie auch von einigen Bienenkrankheiten
- Wandkarten über die Honigbiene
- Wandkarten zu Blütenpflanzen und Bestäubung
- Nisthilfen für Wildbienen
- Mikroskope und Binokulare für einfache Untersuchungen an Bienen,
- usw.

Links zu weiterführenden Informationen:

QR-Code 8: Bienen an der Schule (Bayerische Landesanstalt für Weinbau und Gartenbau, 2023a)

QR-Code 9: Umwelt im Unterricht - Aktuelle Bildungsmaterialien (Bundesministerium für Umwelt, Naturschutz und nukleare Sicherheit, 2021)

QR-Code 10: Handlungsempfehlung der LWG (Bayerische Landesanstalt für Weinbau und Gartenbau, 2023b)

QR-Code 11: Einstieg in die Imkerei – LWG (Bayerische Landesanstalt für Weinbau und Gartenbau, 2023a)

4.3 Die instrumentellen Voraussetzungen

Zur Infrastruktur gehören folgende instrumentellen Voraussetzungen:
- Verfügbarkeit der relevanten Gesetze, Verordnungen, Regelungen und Vereinbarungen, Schulordnungen, Arbeitsschutz- und Brandschutzbestimmungen,
- Instrumente (Tools, Methoden),
- eine fördernde Arbeits-, Lehr- und Lernorganisation,
- ausreichende (auch zeitliche) Freiräume für eine Projektarbeit,

Erforderliche infrastrukturelle Bedingungen | 57

- die Bewertung und Anerkennung der Arbeitsergebnisse,
- die Qualitätssicherung und Ergebnisbewertung,
- Partnerschaften (Patenschaften) mit regionalen Unternehmen und
- Kontakte zu Forschungseinrichtungen und problembezogenen Vereinen

❗ Wichtig!

Im konkreten Fall sind dies insbesondere die für das Projekt erforderlichen Genehmigungen:
- ▶ Gefährdungsbeurteilung (Deutsche Gesetzliche Unfallversicherung, 2021) (Kommunale Unfallversicherung Bayern/Bayerische Landesunfallkasse, 2020)
- ▶ Meldung der Bienenvölker nach § 1a der Bienenseuchenverordnung (Bayerische Landesanstalt für Weinbau und Gartenbau, 2020)
- ▶ Beantragung einer Betriebsnummer, sonst ist kein Antrag zur Förderung möglich.

Links zu weiterführenden Informationen:

QR-Code 12: Die pädagogische Gefährdungsbeurteilung (Deutsche Gesetzliche Unfallversicherung, 2023)

QR-Code 13: Meldung der Bienenvölker (Bayerische Landesanstalt für Weinbau und Gartenbau, 2023b)

4.4 Die finanziellen Voraussetzungen

Zur Infrastruktur gehören folgende finanzielle Voraussetzungen:
- Die Finanzierung der Anfangs- und Erweiterungsinvestitionen sowie
- Das Budget für die Deckung der laufenden Kosten

Zur Finanzierung eines Bienen-Projektes bietet sich insbesondere die Förderung „Imkern an Schulen" an. Je Schule kann ein pauschaler Zuschuss von bis zu 400 Euro je Schuljahr gewährt werden. Je Probeimker kann eine Pauschale von bis zu 100 Euro pro Jahr für maximal zwei Jahre gewährt werden. (Bayerisches Staatsministerium für Ernährung, Landwirtschaft und Forsten, 2023)

💡 **Idee**

Darüber hinaus gibt es vielfältige Möglichkeiten, die Anschub-Finanzierung der Materialien sicherzustellen:
- ▶ Schuletat
- ▶ Spenden der Eltern oder eines Freundeskreises
- ▶ Sondermittel der Gemeinden
- ▶ Fördermittel der EU, z.B. EU-Programm „Leader" (European Network for Rural Development, 2021)
- ▶ Wettbewerbe von lokalen Banken

Die laufenden Kosten können dann über den Verkauf von Honig und Wachskerzen gedeckt werden.

Link zu weiterführenden Informationen:

QR-Code 14: Förderung – Imkern an Schulen (Bayerisches Staatsministerium für Ernährung, Landwirtschaft und Forsten, 2023)

4.5 Die personellen Voraussetzungen

Zur Infrastruktur gehören folgende personelle Voraussetzungen:
- eine verständnisvolle und unterstützende Leitung der Bildungseinrichtung,
- ein aufgeschlossenes Kollegium,
- Lehrende und Betreuende mit pädagogischer Kompetenz und Fachwissen sowie fachübergreifenden Interessen,
- Lernende und Lehrende mit individuellen Werten, Normen und Gruppennormen,
- Verbindungen zu den relevanten regionalen Akteuren, Ämtern, Organisationen und Fördermittelvermittlern
- Kontakte zu interessierten Redakteuren der regionalen Presse,
- interessierte und unterstützende Eltern (und Geschwister) sowie
- Patenschaften mit erfahrenen Betreuern (*hierbei speziell Imkern, Handwerkern*)
- Zusammenarbeit mit Hausmeister/Platzwart (am Standplatz der Bienen sollte nicht gemäht werden usw.)

⊘ Wichtig!

Hier ist insbesondere die Unterstützung durch Personen mit imkerlichem Wissen von Bedeutung. Nur so können ein schneller Wissenszuwachs, ein erfolgreicher Projektverlauf und unter Umständen eine Betreuung der Bienenvölker in Ferienzeiten sichergestellt werden.

⊕ Chance für positives Feedback

Nachdem die Liste der Voraussetzungen nach bestem Wissen und Gewissen der Schüler und Frau Neumann komplett war, hatten sie die Aufgaben selbstständig unter sich aufgeteilt.

Frau Neumann hatte die Suche nach „Unterstützung durch Personen mit imkerlichem Wissen" übernommen. Zu Hause angekommen, klappte sie den Laptop auf und begann mit der Recherche.

> Im Schuljahr 2018/2019 unterrichteten in Deutschland 685.600 hauptberufliche Lehrkräfte an allgemeinbildenden Schulen und 125.500 an beruflichen Schulen." (Statistisches Bundesamt, 2021, p. 106)
>
> Laut Deutschem Imkerbund gab es 2022 ungefähr 140.000 Imker in Deutschland. (DIB, 2022)

Daraus konnte Frau Neumann leicht ableiten, dass nicht alle Lehrkräfte über imkerliches Wissen verfügen. „Die eigentliche Schnittmenge ist sicherlich viel kleiner", vermutete sie. Diese Wissenslücke hatte sie also mit vielen ihrer Kollegen gemeinsam, stellte sie etwas erleichtert fest. Aber diese musste sie schließen, um der Erwartung der 7b gerecht zu werden. Nur wie?

Die Webseite des Deutschen Imkerbundes vermittelte den Eindruck, dass die dort organisierten Imkervereine über die erforderliche Kompetenz verfügten und somit als kompetente Partner der Lehrkräfte agieren könnten.

Sie fand schließlich eine Übersicht der Landesverbände. (Deutscher Imkerbund, 2023)

QR-Code 15: Die Mitgliedsverbände des D.I.B. (Deutscher Imkerbund, 2023)

Von dort aus wollte sie zu den Webseiten der lokal ansässigen Ortsvereine navigieren, um sich einen passenden und kompetent erscheinenden Verein auszuwählen.

Dieses Unterfangen gestaltete sich schwieriger als gedacht. Einige Vereine waren überhaupt nicht im Netz zu finden, andere hatten Webauftritte, die sie an die Anfänge des Internets erinnerten.

Waren diese Vereine kompatibel zur Generation ihrer Schüler?

Schließlich landete Frau Neumann bei dem Imkerverein Herzogenaurach und Umgebung. Dieser blickte auf eine 130-jährige Geschichte zurück, hatte aber eine Webseite, die moderner wirkte als viele andere.

Hier erfuhr sie, dass der Verein sich seit langem für den Austausch zwischen Jung und Alt engagierte, was durch entsprechende Bildbeispiele belegt wurde.

Durch diese und weitere beschriebene Aktivitäten hatte der Imkerverein mehr als doppelt so viele Imker pro 1000 Einwohner mobilisiert wie der Bundesdurchschnitt.

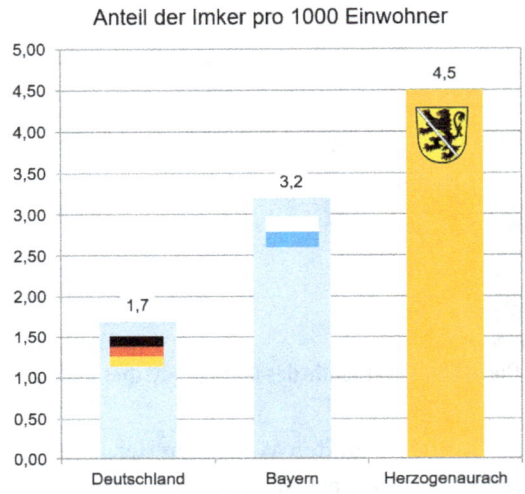

Bild 6: Anteil der Imker pro 1000 Einwohner (Datenquelle: Statistisches Bundesamt, Grafik: eigene Darstellung).

Zur Erläuterung:

Das Statistische Bundesamt weist für 2022 in Deutschland eine Bevölkerung von 84,5 Millionen aus (Statistisches Bundesamt, 2022). Davon sind laut dem Deutschen Imkerbund e.V. etwa 140.000 Imker. (DIB, 2022)

In Bayern lebten 2022 rund 13,37 Millionen Menschen (Bayerisches Landesamt für Statistik, 2022), davon waren im Jahr 2022 42.500 Imker (Bayerisches Staatsministerium Ernährung, Landwirtschaft und Forsten, 2023).

2023 hatte Herzogenaurach 26.019 Einwohner (Stadt Herzogenaurach, 2023) und 117 im Verein organisierte Imker (Imkerverein Herzogenaurach und Umgebung e.V, 2023).

Das hörte sich vielversprechend an. Unter „Kontakt" fand Frau Neumann eine Telefonnummer, unter der sich Klaus, ein netter Ehrenvereinsvorsitzender, meldete. Ihm schilderte sie ihre Situation. Nach dem folgenden langen Gespräch war sie sich sicher, den richtigen Partner gefunden zu haben.

Sie lernte allerdings auch, dass die Imkervereine ein Problem haben.

Das Durchschnittsalter der Imker lag 2021 national bei 55 Jahren (Deutscher Imkerbund, 2022).

Das Durchschnittsalter der Bevölkerung in Deutschland lag 2019 dagegen bei zirka 44,7 Jahren (Statista.de, 2023).

Anspruchsvolle Aufgabe

Das heißt, resümierte Frau Neumann, dass die Wissensträger wesentlich älter sind als der Bevölkerungsdurchschnitt.

„Es wird Zeit, dieses Wissen an die jüngeren Generationen zu transferieren, bevor es verloren geht.", sagte Klaus.

„Wer könnte das Wissen aufnehmen?", fragte sich Frau Neumann.

Dieser Gedankengang verblasste bereits, als sie Schuldirektor Müller die Terminanfrage zur Vorstellung der Projektidee sandte.

Ein paar Tage später saß sie mit Herrn Müller zusammen und erläuterte ihm das Projekt. Das Gespräch lief gut. Er unterstützte den Vorschlag.

Anspruchsvolle Aufgabe

Allerdings forderte er die Zustimmung der Lehrerschaft, des Elternbeirats und der unmittelbaren Nachbarschaft zu diesem Vorhaben. Man müsse sich halt nach allen Seiten absichern, meinte er.

Auch das noch! Wie sollte sie die alle überzeugen? Die hatten doch gar keine Verbindung zum Thema Bienen, oder?

Frau Neumann resümierte für sich.
- Sie hatte eine Brücke zu den Schülern schlagen können.
- Diese hatten die Projektidee „Schulprojekt mit Bienen" ausgewählt.
- Das fehlende imkerliche Wissen und die praktische Unterstützung würde sie vom Verein bekommen. Der suchte händeringend Nachwuchs, dem er das Wissen weitergeben konnte.
- Der Direktor war mit der Durchführung des Projektes einverstanden, wenn sie ihn absicherte.

5 Fachübergreifende Integration des Bienen-Projekts in die Bildung

Wie jeden Monat traf sich Frau Neumann wieder mit Ihren ehemaligen Studienfreunden, die in der Nähe wohnten, zum Schwatz. Herr Gustavsson war seit ein paar Jahren Erzieher im nahegelegenen Kindergarten. Herr Leuker war seit seinem Studium Lehrer in der Grundschule im Ort.

Frau Lehmann schilderte beiden die bisherigen Geschehnisse um das Bienen-Projekt, den Frust der Jugendlichen in der Klasse 7b, ihre persönlich-emotionale Ansprache, ihren Ansatz, eine lernfördernde Situation zu schaffen, den demokratischen Führungsstil und die Wahl des Projektes als Lehrmethode.

Mit einem tiefen Seufzer erzählte sie dann von der Anforderung des Direktors, die Zustimmung der Lehrerschaft, des Elternbeirates und der unmittelbaren Nachbarschaft einzuholen.

„Dazu brauche ich noch ein paar gute Ideen", meinte sie.

„Wiederholung ist die Mutter allen Wissens", dozierte Herr Leuker und erklärte: „Wiederholung ist eine wichtige Lerntechnik. Diese Technik kann angewandt werden, indem das Thema ‚Bienen' zusammen mit Lehrkräften aus den verschiedenen Fachbereichen an die Lernenden vermittelt wird."

▶ Lösungsvorschlag

Eine Einbindung des Themas in den verschiedenen Altersstufen und den verschiedenen Themengebieten ermöglicht uns, die Heranwachsenden mit Umweltthemen vertraut zu machen und ihnen die erforderlichen Methoden und Fakten zu vermitteln, damit sie aktiv werden können.

Herr Gustavsson schaute verschmitzt in die Runde und fing an, eine vertraute Melodie zu summen. „Summ, summ, summ, Bienchen summ herum.", stimmte Frau Neumann ein.

▶ Lösungsvorschlag

„Die Kindergartenkinder singen liebend gern", erläuterte Herr Gustavsson. „... und das **Lernen in Reimen und mit Musik** ist eine hervorragende Lerntechnik", zitierte Frau Neumann ihre Studienunterlagen.

Herr Gustavsson knüpfte an: „Die Informationsaufnahme mit allen Sinnen unterstützt den Lerneffekt".

„Fühlen, Sehen, Hören, Schmecken und Riechen", führte Frau Lehmann den Gedankengang weiter.

▶ Lösungsvorschlag

„Eine Exkursion!", formulierten Herr Gustavsson und Herr Leuker im Duett. So wurde die Idee vom Besuch der ältesten Kindergartengruppe und der ersten Klasse mit Herrn Leuker geboren.

Frau Neumann fragte beim Imker Klaus an, ob er so einen Besuch ermöglichen könnte. Der Imker zeigte sich begeistert und erzählte, dass er die Tradition des Imkerwesens in der Region mithilfe der historischen Figur des Beamten Konrads vermittle.

Fachübergreifende Integration des Bienen-Projekts in die Bildung | 67

> **Lösungsvorschlag**
Frau Neumann war begeistert. Sie wusste um die Wirkung der Anekdoten und Geschichten bei der Wissensvermittlung.
Regionale, historische Figuren wie die des Beamten Konrad und seine Geschichte sind eine didaktisch-methodisch geschickte Möglichkeit für Kinder und Jugendliche, das Bildungsangebot auf interessante Weise zu bereichern.

Fröhlich „Summ, summ, summ ..." trällernd trafen die Kinder ein paar Tage später beim Lehrbienenstand des Vereins ein.

Der Imker Klaus empfing und begrüßte sie im weißen Arbeitskittel und mit rauchender Imkerpfeife. Schon kurz darauf schlug er vor, den Beatmen Konrad um Unterstützung zu bitten, wenn er Zeit hätte. - Klaus ging ins Zeidlerhaus des Beamten Konrad und kam im historischen Festtagsgewand des Beamten Konrad zurück, um die Geschichten in der Rolle des Stadtschreibers von 1348 zu erzählen.

Die Erzählung des Beamten Konrad von Uraha/Herzogenaurach:

Vor etwa 700 Jahren, lange bevor es elektrisches Licht gab, lebte in dem Ort Uraha ein Junge, der mit Nachnamen Konrad hieß. Er war ein schlauer Bub, der seine Heimat liebte und das Glück hatte, im Lesen und Schreiben ausgebildet zu werden. In seiner Freizeit, während es noch hell war, sauste der Junge durch die befestigten Gassen von Uraha und erkundete jede Hütte und jeden Bauernhof.

Weil er recht beliebt war, zeigten ihm die Leute, wie sie lebten und was sie alles gelernt hatten. So lernte unser Konrad, woher die wertvollen Kerzen aus Bienenwachs kamen, die neben dem Kienspan etwas Licht in die Dunkelheit der Nacht brachten.

In der Ortschaft lagerten sehr alte Dokumente, in denen seine Heimat beschrieben wurde. Als Konrad er älter war, durfte er sie auch lesen. In den Dokumenten entdeckte er auch Urkunden über den Schutz der Zeidelweiden für die Bienen, unterschrieben anno 1002 von Heinrich II, noch bevor dieser Kaiser geworden war.

Dabei entdeckte Konrad seine Liebe zu dem Bien, wie man schon damals das Bienenvolk mit Königin, Waben und Behausung nannte. Oft sprach er auch mit alten Zeidlern, die ihre Bienenvölker draußen im Wald hoch oben in hohlen Baumstämmen hielten. Dort gab es noch viele wilde Tiere wie Wölfe und Bären, weshalb die Zeidler neben ihrem Zeidelmesser auch mit Pfeil und Bogen bewaffnet sein durften.

Konrad erkannte wohl die Gefahren des Waldes wie auch der Bienenhaltung als Zeidler hoch oben in hohlen Bäumen. Deshalb fing er das Imkern im Hausgarten an, wo von ihm abgesägte hohle Baumstämme, aber auch Strohkörbe als Wohnung für die Bienenvölker genutzt wurden.

Der Ort Uraha wurde immer größer, weshalb der Magistrat den Konrad zum Beamten ernannte, der als Stadtschreiber die Planung und Entwicklung von Uraha, das im Jahr 1348 in Herzogenaurach umbenannt wurde, niederzuschreiben hatte.

In der Stadturkunde berichtete der Beamte Konrad von den alten Zeydelweyden (damals noch mit y geschrieben) im Pirkeinenpuhel (heute Birkenbühl), im Tanholz (heute Dohnwald) und im Purchkholz (heute Burgwald). Er erwähnte seine Bienenstöcke, die er nahe an seinem Haus pflegte. So konnte er bei geringerem Risiko seine Bienen beobachten, für die Blütenbestäubung in seiner Heimatstadt sorgen, Honig und Wachs ernten, ohne dabei womöglich von einem hohen Baum zu fallen.

Da es damals noch keinen Zucker zu kaufen gab, war der Honig als Süßungsmittel sehr gefragt. Aus Honig, Wasser und Obst konnte man auch ein lange haltbares Getränk herstellen, den köstlichen Met. Das Bienenwachs wurde zur Fertigung von Kerzen für den eigenen Gebrauch wie auch zur Abgabe an die Kirche genutzt.

Als die Geschichte zu Ende erzählt war, überfielen die Kinder den als Beamten Konrad verkleideten Imker mit ihren Fragen.

> **Hinweis**
> Der Imker Klaus gab seinen jungen Zuhörern auch einen Tipp für den nächsten Ausflug: Das Heimatmuseum wurde mit Exponaten aus der Imkerei neu eingerichtet. Das Museum ist nicht nur zum Ansehen, sondern auch zum Ausprobieren der historischen Arbeitsmittel der Imker geeignet.

QR-Code 16: Buch „Das Imkereimuseum von Herzogenaurach und Umgebung" (Busch, 2024)

Er zeigte ihnen auch die Bienenkönigin in einem geöffneten Bienenkasten. Wer wollte, durfte die Hand ganz vorsichtig auf die Bienen legen und Honig mit dem Finger direkt aus der Wabe nehmen.

Mit klebrigen Fingern und leuchtenden Augen machte sich die Gruppe auf den Heimweg.

Herr Leuker hatte organisiert, dass die Elternbeiratsvorsitzende, Mutter einer seiner Schülerinnen, die Gruppe begleitete. Die Kleine belagerte nun ihre Mutter mit dem Wunsch nach eigenen Bienen.

„Voller Erfolg!", meinte Herr Leuker verschmitzt lächelnd zu Frau Neumann.

5.1 Kunst und bildendes Gestalten

Als Frau Neumann am nächsten Tag begeistert vom Ausflug der Kinder zu den Bienen erzählte, griff die **Kunst**lehrerin das Thema dankbar auf.

> **Lösungsvorschlag**
> Sie wusste, das **Malen als Ausdruckmittel** bereits in sehr frühen Phasen der Bildung nutzbar ist und in den verschiedenen Schulstufen sinnvoll eingesetzt werden kann.

Anhand von Bildern konnte sie zeigen, dass die Bienen bereits in der Steinzeit eine Rolle in der Kunst gespielt haben.

Auch in den vergangenen Jahrhunderten waren die Bienen und Ihre Produkte – vor allem das Wachs – als Modellierungs- und Gestaltungsmittel in der Volkskunst sehr beliebt. Beispiele dafür sind die künstlerisch gestalteten Sorbischen Ostereier mit der Wachsausschmelztechnik und die Batikarbeiten mit Wachs.

QR-Code 17: Anregungen der LWG für den Kunstunterricht, Quelle: (Bayerische Landesanstalt für Weinbau und Gartenbau, 2023)

Die Bilder ihrer Kunstklassen zum Thema „Bienen" schmückten bald die Flure der Schule.

Frau Richter von der Mittagsbetreuung stand vor einem dieser Kunstwerke und betrachtete es voller Bewunderung, als Frau Neumann auf dem Weg zum Lehrerzimmer daran vorbeikam.

„Schön, nicht?", meinte Frau Neumann zu Frau Richter. „Wären Bienen nicht auch ein Thema für Deine Nachmittagsbetreuung?", versuchte sie ihr Glück.

> **Lösungsvorschlag**
>
> Frau Richter stimmte zu und meinte, dass für Kinder in älteren Kindergartengruppen und in unteren Schulklassen das **Basteln im Unterricht und der nachunterrichtlichen Betreuung** hervorragend geeignet wäre, um das Thema Bienen zu vermitteln. Weitere konkrete Hinweise dazu hatte sie schon zum Beispiel im Buch „Wir lernen von den Bienen" gesehen. (Busch, Busch and Zelck, 2023)
>
>
>
> QR-Code 18: Buch „Wir lernen von den Bienen" (Busch, Busch and Zelck, 2023)

Als sie das Lehrerzimmer betrat, wurde sie mit „da kommt ja unsere flotte Biene" von einem Kollegen begrüßt. Offensichtlich hatten sich die ersten Erfolge herumgesprochen. „Kommt nun der Neid der Kollegen?", überlegte sie.

5.2 Geschichte und Religion

Noch bevor sie schlagfertig antworten konnte, stand ihr schon die Lehrerin für Geschichte zur Seite:

„Das wäre in der Tat eine Beförderung. Denn das Symbol der griechischen Göttin Artemis war die Biene, ihre Priesterinnen hatten den Titel ‚Biene'." (Elderkin, 1939)

Der Wirtschaftsfaktor Bienen – ein Praxisprojekt

> **Lösungsvorschlag**
>
> Dann holte sie weiter aus und referierte über die Bienen und ihre Bedeutung in der Geschichte der Menschheit:
>
> Bienen hatten in vielen bekannten Zivilisationen und Religionen eine bemerkenswerte und sehr positive Bedeutung. Die Biene hat einen Platz in der Welt der Götter. (Ranke, 2011)
>
> Mythen aus Griechenland erzählen, dass Zeus als Baby Honig und Milch bekam. Das verwundert nicht, da Honig in Griechenland schon lange bekannt war. (Cook, 1895)
>
> Das Orakel von Delphi wurde laut den Erzählungen von Bienen gebaut. Die dort tätigen Priesterinnen erhielten ihre Kräfte durch heilige Bienen. (Cook, 1895)
>
> Die römische Göttin Mellona oder Mellonia war für die Bienen, die Bienenhaltung und die Süße des Honigs verantwortlich. (Heuss, 2020)
>
> Bienen waren den Germanen heilig. In ihrer Anwesenheit musste Frieden gehalten werden. (Brunswig, 2019)
>
> Dieser Glaube blieb im Deutschen Volksglauben erhalten. So sollten Bienen keinen Zank und (Ehe-)Streit hören. (von Leoprechting, 2014)

Die Geschichtslehrerin schloss ihre Ausführung mit dem Hinweis: „Dann seien Sie mal schön nett zur ‚Biene'. Wer weiß, welchen göttlichen Zorn sie sonst auf sich ziehen."

> **Lösungsvorschlag**
>
> Das war das Stichwort für den **Religion**slehrer. Er ergänzte: „Die Wertschätzung für die Bienen und ihre Leistungen ist auch in den Schriften weiterer Religionen dokumentiert."

Nach dem Bericht des 1. Buchs Mose (Kapitel 12 ff.) in der Thora bezeichnet das Land Kanaan das Abraham und seinen Nachkommen versprochene Land (Gelobtes Land).

Im 2. Buch Mose wird Kanaan als das Land beschrieben, in dem „Milch und Honig fließen": „Ich habe gesehen das Elend meines Volkes in Ägypten, ..., ich habe ihr Leid erkannt und bin hernieder gefahren, dass ich sie errette von der Ägypter Hand, und sie ausführe aus diesem Land in ein gutes und weites Land, in ein Land, darin Milch und Honig fließt ... ."

Wie in 2. Mose Kapitel 3, Vers 8 wird auch im Koran, Sure 47:15 das Paradies als ein Ort beschrieben, in dem „Bäche mit geklärtem Honig" fließen.

Honig und Äpfel werden zusammen im jüdischen Rosch ha-Schana als Wunsch für ein süßes neues Jahr gegessen.

In der Bibel sind die Bienen sehr positiv belegt, wie aus dem Zitat aus dem apokryphen Buch Jesus Sirach 11, 3 hervorgeht: „Du sollst niemand rühmen um seines großen Ansehens willen, noch jemand verachten um seines geringen Ansehens willen. Denn die Biene ist ein kleines Vögelein und gibt doch die allerbeste Frucht."

Auch der Honig der Bienen wird vielfach hochgepriesen, wie unter anderem den folgenden Zitaten zu entnehmen ist.

▶ Psalm 19, Vers 1: „Die Rechte des Herrn sind wahrhaftig, allesamt gerecht, sie sind köstlicher denn Gold, sie sind süßer denn Honig und Honigseim."
▶ Sprüche 24, Vers 13: „Iss, mein Sohn, Honig, denn er ist gut, und Honigseim ist süß in deinem Halse."
▶ Evangelium des Lukas 24, Vers 42: „Und sie legten ihm vor ein Stück gebratenen Fisch und Honigseim."

Zudem wird im Koran direkt auf die Heilwirkung des Honigs eingegangen: „Und dein Herr hat der Biene eingegeben: ‚Baue dir Häuser in den Bergen und in den Bäumen und in dem, was sie (die Menschen) errichten. Dann iss von allen Früchten und folge den Wegen deines Herrn, (die Er dir) leicht gemacht hat.' Aus ihren Leibern kommt ein Trank, mannigfach an Farbe. Darin liegt ein Heilmittel für die Menschen. Wahrlich, hierin ist ein Zeichen für Leute, die nachdenken." (Surah An-Nahl 16:68-69)

Zufrieden mit so viel göttlicher Schirmherrschaft und kollegialer Unterstützung setzte sich Frau Neumann lächelnd auf ihren Platz und nickte der Geschichtslehrerin und dem Religionslehrer dankend zu.
Die musische und spirituelle Seite des Themas war also abgedeckt.
Bei einigen Fächern war der Bezug etwas schwerer zu finden. Aber mit Witz und Lob konnte Frau Neumann auch diese Kollegen gewinnen.

5.3 Sport

Mit der Sportlehrerin hatte sie gewitzelt, ob ein Bienenstand hinter der Startlinie für die 60-Meter-Sprints die Noten verbessern würde.

> **Lösungsvorschlag**
> Über den Scherz wurde kurz gelacht und dann folgende Idee erwogen: „Wäre es nicht schön, die Bienentänze, die Karl von Frisch entdeckte, als Tänze für die Kinder auszuarbeiten und einzuüben, um sie später am Schulfest zu präsentieren?".

> **Lösungsvorschlag**
> Weitere Möglichkeiten boten sich anhand spielerischer Wettkämpfe, zum Beispiel:
> - Ein Volleyballspiel „Sammelbienen gegen Drohnen" (Schülerinnen gegen Schüler)
> - Ein Wettlauf, bei dem auf der Laufstrecke mehrere Gegenstände (zum Beispiel Bälle) als „Honig" gesammelt werden müssen
> - Ein Wettkampf, bei dem eine Gruppe Hornissen von Wächterbienen umringt werden muss
> - Ein Hindernislauf, bei dem einige Hindernisse auf dem Weg zur Beute (einem Tor) überwunden werden müssen und dabei Pollen und Nektar (– wie beim Eierlauf) nicht verloren gehen dürfen.

Fachübergreifende Integration des Bienen-Projekts in die Bildung

> **ⓘ Hinweis**
> Wie am Beispiel dieser spielerischen Sportübungen ergeben sich lernfordernde Situation durch das Schaffen von Situationen, in denen die auszubildenden Fähigkeiten erforderlich oder sehr nützlich sind.

5.4 Englisch

Die Englischlehrerin nutzte daher das Thema ‚Bienen' für den bestehenden Austausch ihrer Schüler mit einer Partnerklasse in Windhoek. Die Korrespondenz brachte eine interessante Geschichte zu Tage:

> We are happy that you are doing well. It was particularly interesting for us to read that you are getting involved with bees at your school.
>
> We heard an interesting - and almost funny - story a few days ago.
>
> You know that the elephants like to visit the plantations because they like the plants there. Actually, you can't really be mad at them for that, because not only we have severely restricted their hiking trails, but also the terrain that they can use. Fortunately, the times when you could just kill them are over. The fences are not a real obstacle for them - they just break through. Now a few resourceful minds had discovered that the elephants not only respect mice but also fear bees and even the humming of bees. This gave rise to the ingenious idea of hanging beehives on the fence and connecting them to each other with lines (wires). When an animal (or even a human) touches a wire, the bees "are alarmed" and pounce on the troublemaker. Great idea!
>
> We are happy to hear more in your next messages about your initiative to keep bees and such take an active role in preserving the environment.

Idee

Da der erste Unterricht in einer Fremdsprache an einigen Schulen bereits in der dritten und vierten oder schon in der ersten und zweiten Jahrgangsstufe stattfinden kann, ist der Lernstoff möglichst abwechslungsreich und „unterhaltsam" aufzubereiten. Dabei können fremdsprachige oder mehrsprachige Kinderbücher mit imkerlichen Themen gut geeignet sein.

Ein Beispiel dazu bietet das Buch von Vera Trachmann „Summs und die Honigbienen – Buzz and the Honeybees". (Trachmann, 2011)

QR-Code 19: Buch „Summs und die Honigbienen" (Trachmann, 2011).

5.5 Deutsch

Die Bienen im Fach Deutsch waren für Frau Neumann jedenfalls ein „Heimspiel". In allen Altersstufen konnte das Thema gut berücksichtigt werden.

Lösungsvorschlag

Neben der jeweiligen Pflichtliteratur bietet es sich an, passende
- Gedichte,
- Sprichwörter und
- Geschichten

auszuwählen.

Fachübergreifende Integration des Bienen-Projekts in die Bildung

Im Unterrichtsgespräch bieten sich dazu folgende Fragen an:
- Welche Rolle spielen die Bienen in den Liedern und Geschichten?
- Welche Eigenschaften haben sie?

Zur Belebung des Unterrichts und zum Argumentationstraining können Fallspiele zu den Themen
- Bienen,
- Naturschutz und speziell
- Anlegen von Hecken, Bienenwiesen und Schutzstreifen

Abwechslung in den Unterricht bringen.
Kreuzworträtsel mit Begriffen aus der Imkerei können von den Schülern selbst entworfen werden.
Desgleichen sind Rechtschreibübungen mit Begriffen aus der Imkerei möglich.

Zunächst etwas amüsiert und dann auch vom „Bienenfieber" angesteckt, hatten die Latein- und Französisch-Lehrer sich an Frau Neumann gewandt und sie gefragt, ob denn zukünftig „Bienisch" oder „Immisch" als zweite Fremdsprache aufgenommen würden.

Frau Neumann hatte beide mit der Bemerkung positiv gestimmt: „Die christlichen Heiligen Ambrosius von Mailand (339-397) und Bernhard von Clairveaux (1090-1153), Patrone der Bienen, wurden wegen ihrer honigsüßen Sprache gerühmt (Schäfer, 2021)".

Der Blick auf andere Sprachen war auch die naheliegende Verbindung zu anderen Ländern und damit zum Fach Geographie.

5.6 Geographie

Das Staatsinstitut für Schulqualität und Bildungsforschung München (ISB) lieferte eine Steilvorlage mit seiner Einordnung des Faches Geographie in die Bildung für Nachhaltige Entwicklung.

„Auf der Grundlage von Einblicken in die Vielfalt und Schönheit des Planeten Erde und in die zugrunde liegenden Gesetzmäßigkeiten und Zusammenhänge der Mensch-Umwelt-Beziehungen im globalen Kontext erkennen die Schülerinnen und Schüler die Notwendigkeit eines vorausschauenden Umgangs mit der Umwelt und den natürlichen Ressourcen. Ferner lernen sie die Bedeutung einer nachhaltigen, wertorientierten Organisation globaler Entwicklungsprozesse unter Abwägung ökonomischer und ökologischer Interessen kennen.
Eine entwicklungspolitische Bildung sowie das Globale Lernen sind besonders wichtige Anliegen des Geographieunterrichts. Bedingt durch seine Ziele, Inhalte, Fachkonzepte und Funktionen ist das Unterrichtsfach Geographie einer Bildung für Nachhaltige Entwicklung (BNE) besonders verpflichtet und vermittelt zentrale Beiträge zu fast allen Nachhaltigkeitszielen (17 Sustainable Development Goals), die in der Agenda 2030, welche im Jahr 2015 von den Mitgliedsstaaten der Vereinten Nationen verabschiedet wurde, verankert sind." (ISB - Staatsinstitut für Schulqualität und Bildungsforschung München, 2023)

Die Geographielehrerin freute sich, in das Bienen-Projekt integriert zu werden und äußerte spontan einige Ideen:

▶ Lösungsvorschlag

Auf der Weltkarte können die Zentren der Honigproduktion und gegebenenfalls auch die Verteilung der einzelnen Bienenrassen und deren Veränderung gezeigt werden.

Fachübergreifende Integration des Bienen-Projekts in die Bildung | 79

QR-Code 20: Buch „Die geographische Verbreitung der Honigbiene" (v. Buttel-Reepen, 1915).

QR-Code 21: Publikation „Global Patterns and Drivers of Bee Distribution" nach (Orr et al., 2021).

Beim Behandeln einer Region kann sie auf die spezielle wirtschaftliche Bedeutung der Imkerei einschließlich des Exportes von Honig eingehen.

QR-Code 22: Geographische Verteilung der Produktionsmenge von natürlichem Honig 2021 nach (Brandt, 2023).

Die speziellen Technologien der Imkerei und die sozialen Aspekte für die Beschäftigung und Ernährung der Bevölkerung in der jeweiligen Region können Gegenstand des Unterrichtsgespräches werden.
Berichte von Urlaubserlebnissen mit Bienen in der jeweiligen Region können eingebracht werden

80 | Der Wirtschaftsfaktor Bienen – ein Praxisprojekt

Idee

Zur Rolle der Bienen in der jeweils behandelten Region sowie im dortigen Klima und hinsichtlich der Klimaveränderung können die Schülerinnen und Schüler selbständig Recherchen durchführen und diese später im Unterricht präsentieren.

Nun wollte Frau Neumann noch die naturwissenschaftlichen Fächer sinnvoll in das Thema Bienen integrieren.

Lösungsvorschlag

Dazu recherchierte sie die Vorgaben für den Lehrplan. Auch das Fach **Heimat und Sachkunde (HSU)** bot offensichtlich eine außerordentlich gute Möglichkeit, das Thema „Bienen" aufzugreifen und inhaltlich zu behandeln.

5.7 Heimat- und Sachkunde (HSU), Natur und Technik

Das Staatsinstitut für Schulqualität und Bildungsforschung (ISB) führt dazu aus:

> „Die Schülerinnen und Schüler beschäftigen sich mit Phänomenen in der belebten und unbelebten Natur und untersuchen dabei Pflanzen und Tiere, Bodenarten und Wetter sowie physikalische und chemische Betrachtungsgegenstände (z. B. Elektrizität, Verbrennung). Auch kennen sie heimische und überregionale Obst- und Gemüsesorten, beschreiben deren Herkunft und Produktion und ihre Verantwortung als Verbraucher. Sie gewinnen erste Einblicke in naturwissenschaftliche Vorgehensweisen zur Erkenntnisgewinnung (z. B. Experimentieren, Arbeiten mit Modellen) und entdecken Regelhaftigkeiten sowie Beziehungen in der Natur (z. B. Zustandsformen des Wassers in Abhängigkeit von der Tem-

peratur). Sie erkennen sowohl die Bedeutung der Natur für den Menschen als auch den Einfluss des Menschen auf sie (z. B. in der Landwirtschaft). Daraus leiten sie die Notwendigkeit und konkrete Möglichkeiten für einen verantwortungsbewussten, nachhaltigen Umgang mit Natur und Umwelt ab." (Staatsinstitut für Schulqualität und Bildungsforschung München, 2023b)

Und weiter:

„Die Themen Umweltbildung und Globales Lernen sind als zentrale Querschnittsthemen allen Lernbereichen des Heimat- und Sachunterrichts eingeschrieben. Im Rahmen dessen erwerben die Kinder Kompetenzen, die sie befähigen, nachhaltige Entwicklung als solche zu erkennen und sie nach Möglichkeit aktiv mitzugestalten. Die Schülerinnen und Schüler reflektieren z. B. den Umgang mit Wasser, die Lebensbedingungen von Menschen weltweit, die Bereitstellung/Umwandlung und Nutzung von Energie, die Herstellung von Lebensmitteln oder die Nutzung von Lebensräumen immer auch unter der Perspektive, was Einzelne zum Erhalt und Fortbestand unserer Lebensgrundlagen tun können, sodass auch die Lebensgrundlagen zukünftiger Generationen weltweit gesichert sind. Damit eng verbunden sind auch Fragen des persönlichen Konsums und der eigenen Beeinflussbarkeit, z. B. durch Werbung." (Staatsinstitut für Schulqualität und Bildungsforschung München, 2023b)

❯ Lösungsvorschlag

Als konsequente Weiterführung des Faches HSU bietet das Fach **Natur und Technik** eine sehr gute Möglichkeit, das in der Grundschule Gelernte zu festigen und dann an den weiterführenden Schulen auszubauen.

Das Staatsinstitut für Schulqualität und Bildungsforschung (ISB) führt dazu aus:

„Der naturwissenschaftliche Unterricht in der Mittelschule greift natürliche und technische Phänomene auf, die an die Lebenswelt der Schülerinnen und Schüler sowie Lehrkräfte anknüpfen und nutzt diesen schülerorientierten Zugang für den Aufbau und die Vertiefung von Kompetenzen der Erkenntnisgewinnung, des Kommunizierens und des Bewertens. Jede der drei Fachwissenschaften Physik, Chemie und Biologie trägt dazu ihre Sichtweise bei, um so eine zunehmende Vernetzung naturwissenschaftlichen Denkens, Wissens und der Erkenntnisgewinnung, die den Schlüsselfragen der Gegenwart und Zukunft Rechnung trägt, zu ermöglichen." (Staatsinstitut für Schulqualität und Bildungsforschung (ISB), 2023a)

Und weiter:

„Die Schülerinnen und Schüler begegnen in unserer global vernetzten Welt einer großen Zahl von ökologischen Problemen und setzen sich mit den vielfältigen, damit verbundenen Ziel- und Interessenskonflikten auseinander. Sie reflektieren die wechselseitigen Abhängigkeiten von Mensch und Umwelt, immer auch unter dem Aspekt, welchen Beitrag der Einzelne zum Erhalt der Lebensgrundlagen leisten kann." (Staatsinstitut für Schulqualität und Bildungsforschung (ISB), 2023a)

Das Staatsinstitut für Schulqualität und Bildungsforschung (ISB) führt dazu aus:

„Das Unterrichtsfach Naturwissenschaften trägt nicht nur zum fachspezifischen Erkenntnisgewinn bei, sondern dient auch der interdisziplinären Zusammenarbeit.
Die Verknüpfung technologischer Kompetenzen mit naturwissenschaftlichen Arbeitsweisen aus der Chemie, Biologie und der Physik sowie die Anwendung mathematischer Methoden fördert das vernetzte Denken der Schülerinnen und Schüler.

In der Auswertung, Analyse und Veranschaulichung von naturwissenschaftlichen und technologischen Sachverhalten und Zusammenhängen werden (z. B. mittels Simulation oder Modellbildung) informationstechnologische Kompetenzen angewendet.

In der sach- und adressatengerechten Kommunikation werden naturwissenschaftlich- technologische Zusammenhänge unter Verwendung der Fachterminologie mit Sprachkompetenzen aus dem Fach Deutsch verknüpft. Auch der Einsatz von Englisch als verbreitete Fachsprache für Naturwissenschaftler und Ingenieure, z. B. in Form von Fachtexten, ist denkbar.

Zentrale, gesellschaftlich relevante Themen, wie der Umweltschutz und die Sicherung der Energieversorgung, können mit Aspekten aus anderen allgemeinbildenden Fächern (z. B. Geschichte, Sozialkunde) in einen Zusammenhang gebracht werden und fordern zu einer interdisziplinären Behandlung auf." (Staatsinstitut für Schulqualität und Bildungsforschung (ISB), 2023b)

Frau Neumann nahm Kontakt zu den entsprechenden Lehrern auf und fand bei ihnen regen Zuspruch für ihr Projekt. Die Kollegen fanden sehr schnell konkrete Möglichkeiten, um das Thema Bienen in den Fächern HSU, Natur und Technik sowie Naturwissenschaften „unterzubringen".

▶ Lösungsvorschlag

Besonders die praktischen Anwendungsmöglichkeiten sollten für die Schüler attraktiv sein.

So konnte ein konkreter Nutzen aus den Projekten für die Vermittlung des Lehrplanstoffes und für das Bienenprojekt gezogen werden.

5.8 Mathematik

Für die Mathematiklehrerin war es kein Problem, die vier Grundrechenarten mit Beispielen aus der Imkerei auszugestalten.

> **Hinweis**
> Auf die dazu erforderlichen Daten kann ein Imker relativ leicht zugreifen, da zum Beispiel die Bayerische Landesanstalt für Weinbau und Gartenbau umfangreiche Informationen bereitgestellt hat.

QR-Code 23: Anregungen der LWG zu Bienen im Mathematikunterricht, Quelle: (Bayerische Landesanstalt für Weinbau und Gartenbau, 2023b)

> **Lösungsvorschlag**
> Darüber hinaus können aussagefähige Diagramme über den zeitlichen Verlauf
> ▶ des Honigeintrages,
> ▶ der Stärke des Bienenvolkes,
> ▶ des Wetterverlaufes (Temperatur, Niederschläge),
> über die Zusammenhänge
> ▶ von Temperatur und Flugverhalten,
> ▶ von Fruchtarten und Flugentfernung,
> dargestellt werden.
> In den höheren Klassenstufen können die Daten mathematisch modelliert und zum Beispiel
> ▶ als Wachstumskurve oder
> ▶ als zyklische Funktionen (z. B. Sinusfunktion)
> gezeichnet werden.

5.9 Physik und Chemie

Frau Neumann mochte das Fach **Physik** noch aus ihrer Schulzeit. Sie hatte jedoch einen gewissen Respekt vor den Leistungen berühmter Physiker wie zum Beispiel Galileo Galilei, Marie Curie, Lise Meitner, Rosalind Franklin, Albert Einstein, Isaac Newton, Niels Bohr und Michael Faraday.

Ihre Kollegin, die Physik und Chemielehrerin Frau Mayer, versicherte ihr, dass sie den Schülerinnen und Schülern den Stoff „schmackhaft" machen würde, indem sie den Einstieg in ein neues Stoffgebiet mit interessanten Anekdoten spannende Geschichten über die jeweiligen Entdeckungen „ausschmückte". Bei den Schülerinnen und Schülern würde dadurch nicht nur das Interesse geweckt, sondern der Stoff auch als bleibende Erinnerung gespeichert.

▸ Lösungsvorschlag

Die Bienen sind bereits bei der Beschäftigung mit Massen, Geschwindigkeiten, Temperaturen und mit den Aggregatzuständen beliebte Objekte.

💡 Idee

Bei der Behandlung des Brechungsgesetzes bietet das Refraktometer ein praktisches Anschauungsbeispiel.

QR-Code 24: Physik des Refraktometers, Quelle: (Kruess, 2023)

Großes Erstaunen gibt es häufig beim Behandeln der Lichtbrechung und der Spektralfarben.
Frau Mayer stellte zur Einführung den Schülerinnen und Schülern die Frage: „Wie sehen eigentlich die Bienen ihre Umwelt?"

💡 Idee
Die Bienen sehen – so wie wir Menschen - die Farben Gelb und Blau. Sie können jedoch kein Rot erkennen. Dafür sehen sie Ultraviolett.
Damit lassen sich gut das Farbspektrum und seine Verschiebung beim Farbensehen im Vergleich von Menschen und Bienen erläutern.

Frau Mayer setzt – so wie im Fach Physik - auch im Fach Chemie ihre bewährte Methode ein und „schmückt" den Einstieg in ein neues Thema gern mit Anekdoten und spannenden Geschichten über die jeweiligen Chemiker.

💡 Idee
In Verbindung mit der Imkerei stehen dabei für das Thema Zucker besonders Franz Carl Achard und im Zusammenhang mit der Varroabehandlung mit Ameisensäue John Ray und Louis Gay-Lussac.

➤ Lösungsvorschlag
Die Honigreifung bietet mehrere Ansatzpunkte für die Erläuterung chemischer Abläufe. Die Saccharose wird zu Glucose und Fructose umgewandelt. Die Haltbarkeit des Honigs wird u. a. durch die Bildung von Gluconsäure, Citronensäure, Ameisensäure und Wasserstoffperoxid gefördert.
Als Schülerexperiment eignet sich die pH-Messung von Zucker.

ℹ️ Hinweis
Auch das Beobachten der Auskristallisierung von Honig kann in den Unterricht einbezogen werden.

QR-Code 25: Buch „Honig im Chemieunterricht" (Binder & Pietzner, 2017).

5.10 Biologie

Über eine Berücksichtigung der Bienen im **Biologie**unterricht mussten sich weder Frau Neumann noch die Biologielehrerin „Gedanken machen", denn zum Beispiel in der Unterrichtseinheit Insekten der siebten Klasse waren bereits folgende Themen vorgesehen:

- Körperbau der Insekten am Beispiel der Biene
- Außenskelett der Insekten
- Flügelbewegung der Insekten
- Innere Organe der Biene
- Das Insektenauge
- Die Bienensprache - der Bienentanz

QR-Code 26: Grundwissen Insekten https://www.lernstunde.de/thema/insekten/grundwissen.htm.

Über die oben genannten Themen hinaus waren selbstverständlich die Verflechtungen der Bienen mit anderen Pflanzen und Tieren sowie mit der gesamten Umwelt zu berücksichtigen.

5.11 Informatik

Aufgrund der Interessenlage der Schülerinnen und Schüler war es naheliegend, auch die Informatik in die Überlegungen zur weiteren Gestaltung des Bienen-Projekts einzubeziehen.

QR-Code 27: Informationen zum P-seminar (Staatsinstitut für Schulqualität und Bildungsforschung München, 2023a).

💡 Idee

Die ersten konkreten Ideen dazu waren die am Flugloch der Bienenbeute installierte Webcam und elektronische Waage, die die Überwachung des „Flugbetriebes" und des Gewichtes des Bienenstockes aus der Ferne ermöglichen.

Anhand dieser konkreten Aufgabenstellung könnten im Informatik-Unterricht die Themen

- Sensorik
- Messwerterfassung mit dem Computer und
- Speicherung von Daten

anschaulich vermittelt werden. Nicht nur Frau Neumann war von so einem Vorschlag begeistert.

Datensicherheit auch für Imker

Die Schülerinnen und Schüler sollten darüber hinaus mit dem wichtigen Gebiet der Gewährleistung der Datensicherheit vertraut gemacht werden.

- Was steckt hinter dem Begriff Gewährleistung der Datensicherheit?
- Warum ist es vor allem in Deutschland so ein wichtiges Thema?
- Was sind die deutschen Vorgaben für den Datenschutz?

Grundsätzlich gelten für die Datensicherheit das Verbotsprinzip und die sieben Prinzipien des Bundesdatenschutzgesetzes.

Zunächst soll der Begriff „Gewährleistung der Datensicherheit" aufgeschlüsselt werden. Hinter diesem Begriff verbergen sich mehrere Interpretationen, die für breite Bereiche der Wirtschaft und Gesellschaft gelten:

- Schutz der eigenen Daten (dieser Schutz gilt auch vor Dritten),
- auch die Einschränkung der Datenverarbeitung von Regierungen, Arbeitgebers, Industrien und sonstigen Dritten
  ist unter anderem inkludiert.

Die Gewährleistung der Datensicherheit ist kulturell und historisch für Deutsche sehr wichtig. In den zwei zurückliegenden Diktaturen wurden Daten der Bürger gesammelt und ausgewertet. Die daraus entstehenden Tragödien sorgten für ein grundsätzliches Misstrauen gegenüber der staatlichen Datenverarbeitung.

Um die Gewährleistung der Datensicherheit auch rechtlich zu verankern, gibt es die Datenschutz-Grundverordnung kurz DSGVO. Darin hat die EU wichtige Prinzipien für den Datenschutz definiert. Das Verbotsprinzip der DSGVO legt fest, dass personenbezogene Daten nur dann verarbeitet werden dürfen, wenn die Voraussetzungen einer der Erlaubnisnormen erfüllt werden.

Deutschlandweit gilt das Bundesdatenschutzgesetz (BDSG). Darin sind die wichtigsten Grundsätze des Datenschutzes verankert:

- Zweckbindung: Daten dürfen nur für den bestimmten Zweck gespeichert und verarbeitet werden.
- Verbot bei Erlaubnisvorbehalt: Dies ist dasselbe, wie das Verbotsprinzip der DSGVO.
- Direkterhebung: Daten werden bei den betroffenen Personen direkt erhoben.
- Datensparsamkeit: Wenn Daten gelöscht werden können, sie also nicht mehr geraucht werden oder ihre Löschfrist abgelaufen ist, so sollen sie gelöscht werden.
- Datenvermeidung: Nur Daten für den angegebenen Zweck sollen gespeichert werden.
- Transparenz: Jede betroffene Person soll wissen, wer welche Daten von ihr hat.
- Erforderlichkeit: Daten dürfen nur dann gespeichert werden, wenn sie mit der Zweckbindung übereinstimmen.

Diese Grundsätze gelten uneingeschränkt für alle Daten, die manuell oder mit Hilfe der elektronischen Datenerfassung und -verarbeitung im Rahmen der Imkerei gewonnen werden.

5.12 Werken und Hauswirtschaft

Frau Neumann saß im Lehrerzimmer, gebeugt über die Aufstellung des Materials und der damit verbundenen Kosten, als sich die Lehrer für **Werken** und **Hauswirtschaft** sich dazugesellten.

Auch sie hatte von dem Vorhaben „Bienen-Projekt" gehört und fragten, ob und wie sie unterstützen könnten.

Gemeinsam sichteten sie die Materialliste, um mögliche Ansatzpunkte zu finden. Die größten Kostenpositionen waren die Bienenbeuten, der Bienenbock für deren Aufstellung und die Schutzkleidung mit Schleier.

❯ Lösungsvorschlag

„Die Schutzhemden könnte man im Hauswirtschaftskurs zuschneiden und nähen. Die Herstellung der Bienenbeuten und des Beutenbocks wäre eine gute Gelegenheit, um das Arbeiten mit Holz zu üben", stellten die drei fest. Die Einsparung der Kosten wäre beachtlich.

❯ Lösungsvorschlag

Während der Mittagspause kam Frau Neumann mit der Lehrerin für **Betriebswirtschaftslehre/Rechnungswesen (BWR)** ins Gespräch. Eine Schülerfirma für Imkerei wäre ein schönes Beispiel, um einen Business Case zu rechnen und um fixe und variable Kosten zu illustrieren, meinte diese.

❯ Lösungsvorschlag

Mit „Habt ihr eigentlich schon ein Logo für das Bienen-Projekt?" verabschiedete sie Frau Neumann in die nächste Stunde.
Dieses Thema besprach Frau Neumann mit den Schülern. Zusammen präsentierten sie den Wunsch bei der Kunstlehrerin, diese Aufgaben in den Unterricht einzubeziehen.

Frau Neumann war begeistert.

Das Konzept war umfassend, effektiv und finanziell attraktiv.

Fazit „Bienen in der Bildung":

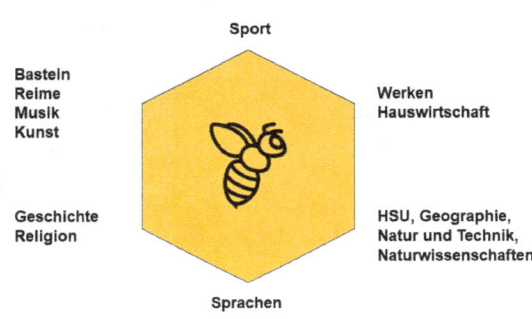

Bild 7: Bienen in der Bildung (eigene Darstellung)

Am Bienen-Projekt konnten die Schüler Ihre verschiedenen Fähigkeiten anwenden und neues Wissen anwendungsbezogen erwerben.

Durch die Wiederholung in den verschiedenen Klassenstufen war auch – über das Bienen-Projekt der Klasse 7b hinaus - für die anderen Klassen das Thema im Unterricht verankert und der Langzeit-Lerneffekt größer.

Die praktische Unterstützung bei der Erstellung der Materialien hatte einen signifikanten Kosteneinsparungseffekt, der die Finanzierung des Projektes vereinfachte.

Sie hatte es geschafft, einen Großteil der Lehrerschaft in das Projekt zu integrieren und so deren Zustimmung gewonnen.

Durch ihr Engagement und die Bienen-Begeisterung des gesamten Kollegiums war das von ihr gestellte Ziel, das Thema „Bienen" in möglichst vielen Unterrichtsfächern zu implementieren, besser und schneller erreicht worden, als sie zu träumen gewagt hatte.

Die Zusammenarbeit am konkreten Thema hatte die einzelnen Pädagogen zusammengeführt; gleichzeitig hatten sie interessante Anregungen für die Gestaltung ihres Unterrichts bekommen.

Auch Die Schülerinnen und Schüler hatten vom internen „Klimawandel" an ihrer Schule profitiert. Sie waren in einem interessanten Projekt engagiert, in dem sie gemeinsam etwas Sinnvolles tun konnten. Und das fühlte sich besser an als nur zu protestieren.

Direktor Müller hatte sein Lächeln wiedergefunden, wenn er den – gleichfalls lächelnden – Schülern begegnete. Er hatte den Widerspruch zwischen Wollen und Müssen, also

_ zwischen seiner persönlichen Einstellung zum Erhalten der Umwelt
_ und der Pflicht zum kompromisslosen Einhalten der Schulpflicht

mit Unterstützung seiner Lehrer und dem „Mitspielen" der Schüler erfolgreich gelöst und dabei auch ein Beispiel für seine Kolleginnen und Kollegen Schulleiter in der Region geschaffen.

🔴 Anspruchsvolle Aufgabe

„Könnte man auch Hochschulen und universitäre Einrichtungen in dieses Lehrkonzept einbinden?", fragte sich Frau Neumann.

5.13 Weitere Verbündete

5.13.1 Workshop an der Hochschule

Sie beschloss, eine ehemalige Studienkollegin aufzusuchen, die jetzt an der nahegelegenen Technischen Hochschule lehrte. Ihr Spezialgebiet waren Kreativitätstechniken, und sie war immer auf der Suche nach Themen, um deren Anwendung zu illustrieren.

Frau Neumann beschloss die Vorlesung zu besuchen, um die eigenen Grundlagen aufzufrischen und danach mit Ihrer ehemaligen Studienkollegin das Bienen-Thema zu besprechen.

Nach der Vorlesung setze sich Frau Neumann mit Ihrer ehemaligen Studienkollegin zusammen, um das Bienen-Thema zu besprechen und führte ihre Gesprächspartnerin langsam in das Thema ein:

> „Bienen wohnen in Höhlen. In den Anfängen der Imkerei wurden Bienen in Baumhöhlen gehalten. Das ist nicht ganz einfach für den Imker. Aus diesem Grunde werden Bienen meistens in eigens dafür hergestellten „Höhlen" untergebracht. Diese heißen Beuten.
>
> Initial wurden ausgehöhlte Holzklötze („Klotzbeuten") oder Körbe aus Stroh genutzt. Später wurden diese aus Holz hergestellt. Es wurden viele Varianten ersonnen. Einige davon sind als Exponate noch heute erhalten.
>
> In dem Maße, wie das Wissen über die Bienen erweitert wurde, wurden die Beuten verbessert. So wurde der für die Bienen zur Verfügung stehende Raum in Brutraum und Honigraum unterteilt. Beide sind durch ein Absperrgitter getrennt, den die Königin nicht passieren kann.
>
> In diesen Räumen befinden sich die Rähmchen, in denen die Bienen den Nachwuchs großziehen oder den Honig und den Pollen einlagern.
>
> Die Rähmchen unterscheiden sich vor allem in deren Abmessungen."
> (Busch, Becker and Busch, 2020)

Fachübergreifende Integration des Bienen-Projekts in die Bildung

Die Anforderungen an eine Beute lassen sich wie folgt formulieren, führte Frau Neumann aus:
Sie

- soll den Bienen angenehm sein.
- Die Beschaffenheit der Beute sollte den Wärmehaushalt im Stock und die Luftzirkulation so gestalten, dass es den Anforderungen der Bienen und einer hohen Honigqualität gerecht wird.
- soll groß genug sein, um auch ein starkes Bienenvolk beherbergen zu können.
- soll in der Handhabung einfach sein, damit der Zugang zum Brut- und Honigraum schnell und unkompliziert erfolgen kann.
- Die Nutzungsdauer und die Herstellungskosten müssen in einem günstigen Verhältnis zum Honigpreis stehen.
- Da es sich bei Honig um ein Lebensmittel handelt, muss die Auswahl der Materialien die entsprechenden Kriterien erfüllen.
- Der Transport muss einfach und mit den üblichen Methoden möglich sein. Das gilt für den Versandprozess vom Fachhandel zum Imker und für den Transport durch den Imker.
- Daraus ergeben sich Limitierungen für die Abmessungen und das Gewicht.
- Die Rüstzeit für den initialen Aufbau und beim Transport sollte angemessen kurz sein.
- Die Reinigung sollte einfach möglich sein. Glatte Flächen sind zu bevorzugen. An Stellen, z.B. Ecken, an denen sich Bakterien bevorzugt ablagern, lagern die Bienen das antibiotische Propolis ab. Dies ist ein Zusatzaufwand für die Bienen.

„Beuten gibt es also schon sehr lange", führte die Hochschullehrerin aus. Beim Betrachten der historischen Beispiele kann man sich die Fragen stellen:

- Wie funktioniert das betrachtete Exponat?
- Wozu kann man es anwenden?
- Könnte man es auch für andere Aufgaben/ Zwecke verwenden?
- Würde man es heute (also mit der jetzigen Technik) anders gestalten?
- Wie können uns historische Beispiele zu eigenen Ideen – also zu Innovationen – anregen?
- Gibt es Erfahrungen darüber, welche Methoden besonders effektiv zu neuen Ideen führen?
- Kann man derartige rationelle Methoden erlernen?

„Der Weg zum Erarbeiten von Innovationen beginnt mit einer klaren **Zielstellung**. Was will ich erreichen?", führte sie aus.

Dann griff sie auf den Stoff der Vorlesung zurück.

Die Analogiemethode

Das Hervorbringen von Ideen zur Lösung von Problemen verläuft im Allgemeinen als heuristischer Prozess mit den Hauptschritten

- Erinnern an Ähnliches und
- Anpassen der gefundenen Analoga an die Problemsituation.

Auf Bienen-Beuten bezogen lässt sich diese Vorgehensweise wie folgt darstellen:

Die **Analogiemethode** ist eine Vorgehensweise zum Finden von Ideen für die Lösung von Problemstellungen.

Sie baut auf grundlegenden Vorgehensweisen des menschlichen Denkens auf, dem Erinnern an Ähnliches und der Übertragung auf die vorliegende Situation.

Analogien können dabei zu den verschiedenen Bereichen der Technik, der Natur, der Kunst oder der Wissenschaft gebildet werden. Dabei kann die Analogiebildung auf verschiedenen Abstraktionsebenen erfolgen. Es sind z.B. Analogien der Funktion, der Struktur, der Form und des Materials möglich.

Die Vorgehensweise baut auf der Systemtheorie auf und geht davon aus, dass ein System eine Funktion, eine Struktur und eine Umgebung besitzt.

Systeme besitzen also Funktionsmerkmale und Strukturmerkmale.

Nach dem Präzisieren der Problemstellung sind wesentliche Funktionsmerkmale als Suchmerkmale zu abstrahieren.

Aus den Lösungsanregungen, die in analogen Bereichen gefunden werden, sind neue technische, technologische oder gestalterische Lösungen durch Kopieren oder Generieren (neu entwickeln) zu erarbeiten.

Eine effektive Anwendung der Analogiemethode erfordert mindestens folgende Voraussetzungen:

- eine vorangegangene gründliche Präzisierung der Problemstellung
- ein sicheres Beherrschen der methodischen Vorgehensweise mit ihren problemadäquaten Modifikationen und die Fähigkeit, diese an konkrete Problemstellungen anzupassen
- ein breites Allgemeinwissen auf naturwissenschaftlichen, technischen und künstlerischen Gebieten
- eine ausgeprägte Beobachtungsgabe
- die Fähigkeit
  - zum Abstrahieren und Konkretisieren,
  - zum Analysieren und Synthetisieren,
  - zum Identifizieren (nach vorgegebenen Suchmerkmalen) sowie
  - zum Bewerten und Entscheiden (Auswählen, Selektieren)
- die Kenntnis über geeignete Wissensspeicher (für Recherchen)
- die Befähigung zur Arbeit mit Wissensspeichern einschließlich der eventuell erforderlichen Medienkompetenz

Der Wirtschaftsfaktor Bienen – ein Praxisprojekt

Veranschaulichen wir uns diese trockene Theorie an einem vereinfachten – aber durchaus aktuellen – **Beispiel**.

Anspruchsvolle Aufgabe

Das Problem wird wie folgt gestellt:
Es sind neue Ideen für die Gestaltung von Beuten zu entwickeln, die folgende Forderungen erfüllen:
- Berücksichtigung der Erkenntnisse erfahrener Imker,
- Berücksichtigung moderner Forschungsergebnisse (Veterinärmedizin, Biologie, ...),
- leichte Anwendung auch für Jungimker,
- Eignung besonders auch für (neue) regionale Unternehmen (Töpfer, Glasbläser, Schreiner),
- Berücksichtigung neuer Möglichkeiten der Sensorik, Elektronik und Digitalisierung und
- Ermöglichen einer guten Blütenbestäubung und hoher Honigerträge.

Lösungsvorschlag

Zur Lösungsfindung sind Exponate auszuwählen, die für das vorliegende Problem Anregungen zur Lösung liefern.
Der weitere Lösungsweg baut – im Rahmen der Variationsmethode - darauf auf, dass aus einer vorliegenden Lösung durch zielgerichtete, systematische Veränderungen von Systemeigenschaften verbesserte, weiterentwickelte oder neuartige Lösungsmöglichkeiten abgeleitet werden. Zur systematischen Veränderung von Systemeigenschaften können die Vorgehensweisen Austauschen, Hinzufügen, Weglassen, Zerlegen und Umkehren angewandt werden.

Im gewählten Beispiel können – zum Finden von Lösungsideen – besonders folgende Systemeigenschaften systematisch verändert werden:

- Äußere Form der Beuten,
- Material der Hüllen,

– Anordnung von Brut- und Honigraum und
– Zugang zum Innenraum.

Diese Systemeigenschaften sind die Variablen, für die jeweils zweckentsprechende Varianten zu ermitteln sind.

💡 Idee

Lediglich zur Beschreibung des methodischen Weges wurden jeweils einige wenige Varianten aufgenommen. Damit kann eine – vereinfachte – Variationstabelle erstellt werden.

Variable	Varianten
geometrische Form der Beute	Zylinder, Halbellipsoid, Kugel, ...
Material	Stroh, Holz, ...

Die einzelnen Varianten können miteinander in Verbindung gebracht werden. So lässt sich die äußere Form der Beuten mit dem Material kombinieren.

Die Kombinationsmethode

Wesentlich aussagefähiger und innovativ anregender wird eine vollständige Kombination aller Varianten miteinander, so dass daraus eine Kombinationsmatrix entsteht. Wir sprechen dann von der Kombinationsmethode.

Die Darstellung als Matrix ermöglicht es, die einzelnen Felder in ihrem Zusammenhang zu betrachten und Vorzugsvarianten sowie bereits patentierte oder veröffentlichte Lösungen besonders zu kennzeichnen. Damit kann auch die Erarbeitung von Schutzrechtsstrategien erleichtert werden.

Wenn ein Patent angestrebt wird, muss die Kombination von einzelnen Elementen zu einer überraschenden, nicht vorhersehbaren Wirkung führen, die einen technischen Fortschritt realisiert.

Durch die Kombination der beiden Variablen kann eine Tabelle aufgebaut werden. Die dabei entstehenden Felder können und sollten dann mit den möglichen Einsatzgebieten ausgefüllt werden.

Frau Neumann war begeistert, dass Themen aus dem Bienen-Projekt sogar für Hochschulen ein interessantes Betätigungsfeld waren und diese in die Bildung für nachhaltige Entwicklung eingebunden werden könnten. Beide Frauen kamen überein, dass sie – nachdem das Bienen-Projekt erfolgreich gestartet war – mit interessierten Schülern und Imkern einen Workshop „Innovation und Kreativität in der Imkerei" an der Hochschule organisieren würden.

5.13.2 Gartenbauverein und direkte Nachbarschaft

Zufrieden begab sich Frau Neumann auf dem Heimweg. Unterwegs fiel ihr ein, dass sie noch einkaufen musste. Im Laden traf sie dann die Vorsitzende des örtlichen Obst- und Gartenbauvereins. Die Dame hatte mit ihrem grünen Daumen und ihrem Organisationstalent schon viel für die Natur getan. Als sie vom Bienen-Projekt hörte, war sie sofort Feuer und Flamme und schlug vor, für die nächste Vereinsversammlung das Thema „Bienen und ihr Einfluss auf unsere Obst- und Kleingärten" auf die Agenda zu setzen. „Gern lade ich auch die unmittelbaren Nachbarn des Schulgeländes persönlich ein", versicherte sie Frau Neumann mit einem Augenzwickern.

> **Lösungsvorschlag**
>
> Als die Teilnehmer von dem positiven Effekt der Bienen auf den Ertrag ihrer Pflanzen hörten, waren sie von dem Projekt angetan. Die Zusicherung, dass ein Mindestabstand zwischen den Bienen und den Grundstücksgrenzen eingehalten würde, zerstreute dann die letzten Bedenken der Anrainer.

Damit hatte Frau Neumann die letzte Hürde genommen. Im Rahmen der nächsten Lehrerkonferenz präsentierte Frau Neumann zusammen mit den Schülern der 7b das Projekt im Detail. Nach den Meinungsbekundungen der dafür extra eingeladenen Verbündeten – Herrn Gustavsson, der Elternbeiratsvorsitzenden, der Vorsitzenden des Obst- und Gartenbauvereins, dem Imker Klaus und einem Vertreter der Nachbarschaft – bat sie Ihre Kollegen um ein abschließendes Votum.

⊕ Chance für positives Feedback

Die breite Unterstützung die das Vorhaben genoss, bestätigte auch erneut den Direktor darin, hier das Richtige zu tun. Als Mitglied des Freundeskreises der Schule regte er dort auch eine Spende zugunsten des Projektes an.

„Auch sieht die Zofen man, die guten,
Schon emsig hin- und wiedergehn;
Denn Ihre Majestät geruhten
Höchstselbst soeben aufzustehn."
(Autor: Wilhelm Busch)

Bild 8: Pflege der Bienenkönigin nach (Busch, 1962, vols 2, S. 269)

„Unser Schicksal hängt nicht von den Sternen ab, sondern von unserem Handeln."
(William Shakespeare (Shakespeare, 1610))[1]

---

1 Zitiert nach (Shakespeare, 1610), Zugriff 21. Juli 2024.

6 Die Projektdurchführung und -ausstrahlung

6.1 Realisierung und erste Erkenntnisse

Während der folgenden Monate wurde das Projekt - wie vorher besprochen - umgesetzt.

Natürlich stießen die Klasse 7b, Frau Neumann und die einbezogenen Akteure bei der Durchführung des Bienen-Projekts auf das eine oder andere Problem.

Bienen nehmen zum Beispiel keine Rücksicht auf Ferien. Hierfür erstellten die Schüler einen fairen Betreuungsplan.

Die im Informatikunterricht installierte Webcam und elektronische Waage erleichterten dies, denn sie ermöglichten die Überwachung des Flugloches und des Gewichtes des Bienenstockes aus der Ferne.

So konnten der „Flugbetrieb" und der Gewichtszuwachs – insbesondere im Hinblick auf den Honigeintrag – verfolgt werden und erforderliche Aktionen geplant werden.

> **Chance für positives Feedback**
> Die Klasse 7b und Frau Neumann führten mit der Unterstützung des Imkervereins und der anderen Unterstützer das Bienen-Projekt auf einen erfolgreichen Weg.

Über die eigens dafür eingerichtete Webseite konnten alle Interessenten den Fortgang des Projektes verfolgen. Die Film-Arbeitsgemeinschaft der Schule erstellte dazu Kurzfilme, die die wichtigsten Arbeitsschritte und Etappen des Projektes dokumentierten.

Mit der erfolgreichen Realisierung des Projektes wuchs seine Ausstrahlung über das zunächst vorgesehene Ziel hinaus.

Erinnern wir uns an den Anlass für den Start des Projektes: Es ging zunächst um die Vorbereitung einer Unterrichtsstunde und um den Einsatz der Projektmethode zum Lösen eines Widerspruchs zwischen Wollen und Tun und um die Wahl des Weges zum angestrebten Ziel.

Aus dem zunächst überschaubaren Ansatz und den ersten zielführenden Aktivitäten entwickelte sich ein Schneeballeffekt, der zum Initiieren mehrerer miteinander verknüpfter Aktivitäten und Projekte führte.

Aus einer Quelle wurde sozusagen ein kleiner Fluss, der sich zum Strom erweiterte und schließlich ein breites Mündungsdelta entwickelte.

Diese quantitative und qualitative Entwicklung zeigte sich

- durch das Weiterentwickeln des Ursprungsprojektes
- durch das Einbeziehen weiterer Schulen
- durch eine didaktisch-methodische Aufbereitung der Projektarbeit
- durch das Einbeziehen der Messtechnik und der Informationsverarbeitung
- durch eine umfangreiche regionale Vernetzung
- durch die Zusammenarbeit mit Hochschulen und Forschungseinrichtungen
- durch den Aufbau und die Festigung internationaler Kontakte und
- durch eine breite Öffentlichkeitsarbeit einschließlich mehrerer Buchveröffentlichungen.

Nachfolgend werden einige Beispiele dieser Aktivitäten speziell aus der Sicht der Akteure dargestellt.

Diese praktische Umsetzung, verbunden mit dem Gewinnen neuer Erkenntnisse, ist mit dem Schritt von einer Invention zur Innovation vergleichbar.

Mit dem ersten Beitrag kommt ein Schüler zu Wort, der von den Quellen des Bienen-Projekts und seinen ersten Vorlauf-Aktivitäten an das Werden des Vorhabens erleben und selbst mitgestalten konnte.

6.2 Die Geschichte eines Schülers: Wie ich zum Imkern kam

von Henrik Busch

Dies ist meine Geschichte, wie ich zum Imkern kam.

Im Physik-Unterricht hatten wir uns den Film „Eine unbequeme Wahrheit" von Al Gore angeschaut. In diesem Film geht es um den Klimawandel und was man dagegen tun kann. Dabei wurde auch das Thema Imkern angesprochen.

Bienen sind für unser Überleben wichtig. Ein unbekannter Autor sagte einst: „Wenn die Bienen verschwinden, hat der Mensch nur noch vier Jahre zu leben, keine Bienen mehr, keine Pflanzen, keine Tiere, keine Menschen mehr".

Inspiriert durch diesen Film überlegte ich, was ich etwas für den Erhalt der Umwelt tun konnte. Ich entschloss mich, das Imker-Handwerk zu erlernen.

💡 Dabei kam mir zugute, dass mein Klassenlehrer selbst ein Imker war. Er hatte seit längerem die Idee, die Bienen zu uns an die Schule zu bringen. Diese Idee wurde 2018 in die Tat umgesetzt. Durch dieses Projekt kam ich das erste Mal in Kontakt mit Bienen.

Im Laufe des kommenden Schuljahres konnte ich jeden Nachmittag mehr über das Imkerwesen lernen, z.B. die Rähmchen handhaben, die Königin finden, Honigwaben und Brutwaben identifizieren ...

Auch während der Schulferien war ich aktiv dabei und habe zum Beispiel im August auch beim Schleudern geholfen.

Im neuen Schuljahr habe ich dann als Betreuer in unserer schulischen Nachmittagsbetreuung gearbeitet. Dabei bin ich auf die Idee gekommen, dass wir unser Klassenprojekt in ein Schulprojekt umwandeln sollten. So könnten wir auch die jüngeren Klassen an unserer Schule ans Imkern heranführen.

Diese Idee setzten wir mit einer kleinen, freiwilligen Testgruppe aus der Nachmittagsbetreuung um. Mit diesem kleinen Projekt erhofften wir uns, dass die jüngeren Kinder Spaß am Imkern fänden und ihre Eltern anstifteten, mit ihnen zu imkern.

Bild 9: Ein Jungimker bei der Durchsicht eines Bienenvolkes (Foto: Erik Busch).

Besonders stolz waren wir auf den Verkauf unseres ersten selbstgeschleuderten Honigs auf dem Schulfest. Alle Eltern waren von dem Ergebnis begeistert.

Nachdem ich meinen Abschluss an dieser Schule erworben hatte, musste ich mir eine Alternative fürs Imkern suchen, da ich es zeitlich nicht mehr geschafft hätte, an meiner alten Schule zu imkern.

Bei dieser Suche bin ich auf den Imkerverein Herzogenaurach gestoßen. Dieser ist ganz in der Nähe meiner Ausbildungsstelle. Und nach längeren Gesprächen mit meinem Vater konnte ich ihn überreden, mit mir das Imkern anzufangen.

Mein erster Eindruck vom Verein war, dass alle Mitglieder nette und erfahrene Imker waren. Mir fiel allerdings auch auf, dass es in dem Verein keine Imker in meiner Altersgruppe gab.

Daraufhin haben wir uns im Verein überlegt, wie man mehr jüngere Menschen für das Imkern begeistern kann.

Bei dieser Gelegenheit konnte ich berichten, wie ich zur Imkerei gekommen war. Aus dem Erfahrungsbericht wurde schnell klar, wie man die jüngere Generation für das Imkern begeistern kann:

- einen Einstiegskurs „Imkern" an den Schulen anbieten,
- erste Erfolge gemeinsam erreichen und genießen, z.B. den ersten selbstgeschleuderten Honig, und
- den Übergang nach dem Schulabschluss in einen Imkerverein oder in eine Patenschaft mit erfahrenen Imkern vereinfachen.

Diese drei Aktionen ermöglichen es, Schüler an das Imkern heranzuführen, die Begeisterung für das Imkern auch nach der Schule zu leben und etwas für die Umwelt zu tun.

***

Außer Frau Neumann haben auch andere Lehrkräfte und Aktive erfolgreiche Bienen-Projekte auf die Beine gestellt.

Ihre Schilderungen auf den nachfolgenden Seiten sollen zeigen: „Es geht!" und praktische Anregungen zur Projektumsetzung geben.

6.3 Bienen im Kindergarten

von Angelika König

Das Ziel unseres Projektes

Unsere Kinder sollen spielerisch die Welt der Insekten kennenlernen. Das besondere Interesse gilt dabei den Wildbienen und Honigbienen.

Das Ziel besteht darin, das Interesse der Kinder an Bienen und anderen Insekten zu wecken und die Vielfalt und das komplexe Zusammenspiel zwischen Pflanzen und Tieren aufzuzeigen.

Der Wunsch des Kindergartens war es, eigene Bienen auf dem Kindergartengelände zu betreuen. Die Kindergartenleitung hat sich daher an den Träger gewandt mit der Bitte, ein Bienenvolk im Kindergarten zu versorgen.

Daraufhin wurde die Sicherheitsbeauftragte der Gemeinde in den Kindergarten eingeladen, um sich die Gegebenheiten vor Ort anzuschauen und um eine Gefährdungsbeurteilung zu erstellen. Die Ideen und Wünsche der Beteiligten wurden dabei berücksichtigt.

Die Eltern wurden durch einen Rücklaufzettel befragt, welche Kinder am Projekt teilnehmen dürfen und ob sie keine Allergie gegen Bienenstiche haben. Kinder, deren Eltern nicht eingewilligt hatten, durften am Projekt nicht teilnehmen.

Es wurde eine Gefährdungsbeurteilung erstellt, siehe Tabelle 1. Diese genannten Vorgaben müssen vom Kindergarten erfüllt werden.

Tabelle 1: Beispiel Gefährdungsbeurteilung Bienen (Angelika König, eigene Darstellung).

Gefährdungsbeurteilung Bienen
Grund der Gefährdungsbeurteilung: Der Waldkindergarten Fuchsbau möchte mit den Vorschulkindern Bienenvölker auf einer benachbarten Streuobstwiese begleiten. Zwei bis drei Mal in der Zeit von April bis Juli 2021 wollen sich die Kinder mit ihren Erzieherinnen die Bienenvölker anschauen. Die Bienenvölker werden von einer Familie aus Adelsdorf betrieben. Die Kinder sollen erfahren, wie wichtig Bienen sind und wie Honig entsteht.

Ziel	Gefahr	Maßnahme	Verantwortlich		Maßnahme wirksam?	
			Wer?	Bis:		
Bienenstich vermeiden	Gefahr des Stechens	Verhaltensregeln mit den Kindern erarbeiten und einüben (nicht direkt vor die Bienen stellen, keine hektischen Bewegungen, kein Schlagen, wenn Bienen herumfliegen). Hier muss strikt darauf geachtet werden. Der Standort des Bienenstocks muss in einer ruhigen Lage sein. Die Bienen dürfen sich von den Kindern nicht gestört fühlen.	Leitung		ja	nein
Eltern müssen genügend Informationen haben	Eltern sind nicht genügend informiert und geben vielleicht falsche Infos an	Die Eltern müssen mit einem Informationsschreiben aufgeklärt werden. Es müssen Allergien respektive Bienenallergien abgefragt werden.	Leitung		ja	nein

Die Projektdurchführung und -ausstrahlung | 113

Ziel	Gefahr	Maßnahme	Verantwortlich		Maßnahme wirksam?	
			Wer?	Bis:		
Bienenstich vermeiden	Gefahr des Stechens	Den Kindern und dem Personal muss passende Imkerschutzkleidung (Imkerhut mit Schleier, Imkerschutzjacke und Handschuhe) zur Verfügung gestellt werden. Zudem tragen die Kinder eine Matschhose und Gummistiefel. Lange Haare werden mit einem Haargummi zusammengemacht. Ggf. ist noch ein Tape mitzunehmen, falls sich Risse in der Kleidung bemerkbar machen. Beim Ausziehen der Imkerschutzkleidung muss darauf geachtet werden, dass sich nicht doch noch eine Biene an der Kleidung festgesetzt hat. Aus pädagogischer Sicht ist es ratsam, den Kindern vorab schon immer mal wieder die Imkerschutzkleidung respektive die Handschuhe und den Imkerhut anzuziehen, damit die Kinder die Schutzkleidung gewohnt sind und nicht daran ziehen, von allein abnehmen oder Ähnliches.	Leitung		ja	nein

Ziel	Gefahr	Maßnahme	Verantwortlich		Maßnahme wirksam?	
			Wer?	Bis:		
Erste Hilfeleistung	Richtige Anwendung der Ersten Hilfe	Auf das richtige Verhalten ist hinzuweisen, wenn doch eine Biene zugestochen hat. (Den Stachel so schnell wie möglich entfernen, für die erste Linderung ist es gut, wenn Sofort-Kaltkompressen auf die Stichfläche aufgelegt werden. Notrufnummern sowie Handy sind ständig bereit zu halten, der Handyempfang ist an der Bienenvolkstelle vorab auszuprobieren.	Leitung		ja	nein
Prävention	Verbrennungen, Kohlenmonoxydvergiftung	Arbeiten mit dem Smoker: Der Smoker kann sehr heiß werden, hier kann es zu Verbrennungen kommen. Der Rauch aus dem Smoker kann Husten oder asthmaähnliche Atemnot erzeugen. Der Smoker ist weit genug von den Kindern zu benutzen.	Leitung		ja	nein
Keine Verletzungen erleiden	Gefahr des Schneidens oder Reißens	Arbeiten mit dem Stockmeißel: Der Stockmeißel hat scharfe Kanten, es besteht die Gefahr des Abrutschens und somit Schneiden oder Reißen der Hände	Leitung		ja	nein

Die Projektdurchführung und -ausstrahlung | 115

Ziel	Gefahr	Maßnahme	Verantwortlich Wer? Bis:	Maßnahme wirksam?
Keine Verletzungen erleiden	Gefahr des Stechens	Arbeiten mit der Honigschleuder: Die Entdeckelungsgabel hat sehr spitze Zinken, hier kann man sich leicht stechen. Elektrische Schleudern sind mit einem Ein-/Ausknopf versehen. Bei handgetriebenen Schleudern ist die Bedienung der Kinder zu unterlassen. Zuschauen ist erlaubt.	Leitung	ja nein
Keine Verätzungen	Verätzungen durch Ameisensäure oder Oxalsäure	Ameisensäure sowie Oxalsäure wird in den Monaten Juli, August und Dezember eingesetzt, um die Varroamilbe zu bekämpfen. Wenn diese Säuren verwendet werden, ist in diesem Zeitraum die Begleitung der Bienenvölker verboten. Es können sonst schwere Verätzungen auftreten.	Leitung	ja nein
Wegesicherheit	Gefahr durch Unfälle auf dem Weg dorthin	Den Kindern ist unbedingt noch einmal das Verhalten beim Spazieren nahezubringen.	Leitung	ja nein

In einem ersten Schritt wurde ein Platz gefunden, der mit einer Einzäunung versehen wurde, denn Sicherheit geht vor.

Bild 10: Ein sicherer Standort für unsere Bienen, Fotos: Angelika König

Der nächste Schritt war, die Bienenbeuten mit Hilfe der Erzieherinnen zu bemalen.

Das Konzept für unseren Kindergarten

1. Wir haben bereits einen **Gemüsegarten**, den die Kinder auch erfolgreich mit verschiedenen Gemüsesorten bewirtschaften. Im Frühjahr wurde auch an die Insekten gedacht. Die Kinder haben dazu Lehmkugeln mit mehrjährigen Sämereien gerollt und verteilt.
2. Zum Thema **Honigbienen** werden wir alle verfügbaren imkerlichen Gerätschaften besprechen. Dazu gehören besonders ausgeschleuderte Honigwaben, Wachs, Smoker, Stockmeißel, Kinderkittel oder Hauben. Das Bienenvolk steht dem Kindergarten bereits zur Verfügung.

Unsere Inhalte sind:

_ Welche Bedeutung haben die Bienen?
_ Was macht ein Imker?
_ Wie entwickelt sich eine Biene (Ei-Larve-Puppe)?

Die Projektdurchführung und -ausstrahlung | 117

- Welche Arbeitsteilung gibt es im Volk?
- Welche Aufgaben haben die Ammenbienen, Wächterinnen, Sammlerinnen etc.? (Vielleicht mit kleinen Rollenspielen.)
- Wer gehört zum Bienenvolk (Arbeiterinnen, Drohnen, Königin)?
- Welche Bienenprodukte kennen wir (Honig, Pollen, Wachs)?
- Sind Bienenstiche gefährlich?

3. Zum Thema **Wildbienen und Wildblumen** führen wir Pflanzaktionen durch und bauen Nisthilfen. Außerdem malen wir Bilder von Blumen und Bienen.
Unsere Inhalte sind:

- Wie hat sich die Blumenwiese aus den Lehmkugeln entwickelt?
- Welche Pflanzen und Insekten kann man auf der Fläche beobachten?
- Was ist der Unterschied zwischen den Wildbienen und der Honigbiene?
- Warum ist der Schutz der Insekten so wichtig?
- Was können wir dazu beitragen?

Das Konzept entstand in Anlehnung an die Unterlagen des Landesverbandes der Bayerischen Imker e.V.

6.4 Interesse an Bienen wecken – Projekt Kindergarten

von Manfred Kellner, Imker

Als Rentner und Großvater von drei Enkelkindern habe ich das Interesse an Bienen bei Kindern festgestellt. Seit drei Jahren bin ich Imker und habe inzwischen acht Bienenvölker im eigenen Garten und auf einer 2000 qm großen Obstwiese. Früher in der berufsvorbereitenden Schulung tätig, möchte ich mein schönes Hobby nun gerne anderen vermitteln.

Biene Maya, der faule Willi und die Biene Kassandra, welche Bienen lehren, was zu tun ist, sind Kindern aus der Fernsehserie bestens bekannt. Und so finden sich auch immer wieder Kinder und Erwachsene der Nachbarschaft bei meinen Bienenstöcken im Garten ein, um meine Arbeit mit den Bienen zu bestaunen.

Aus einer Anfrage des Kindergartens aus Niederdorf, von den Bienen und der Arbeit eines Imkers zu erzählen, ist ein Konzept zum spielerischen Ablauf in einem Bienenstock und Verkosten von leckerem Honig im Kindergarten entstanden. Natürlich ist auch als Ergänzung ein Besuch am Bienenstand möglich. Die entsprechende Schutzkleidung für „kleine Imker" kann über den Imkerverein Herzogenaurach, dem ich angehöre, gestellt werden.

Den interessierten Besucherinnen und Besuchern vermittle ich gern meine Erkenntnisse und Erfahrungen, die ich im Folgenden kurz darstellen möchte.

Materialeinsatz: eine Strohbeute (Imkerverein Herzogenaurach), ein Ablegerkasten mit Waben, Imkerschutzanzug, Stockmeißel, ein Smoker finden sich bei jedem Imker. Ein Deospray, ein kleiner Ball als Bienen-Ei, eine Blüte einer Blume, 5 Gläschen (mit Zuckersirup, Pollen,

Wasser, Propolis, Wachs), Probierspatel für die Honigverkostung, 250 Gramm Bienenhonig und Toastbrot spendiere ich gerne für einen Einsatz (Messer zum Brote bestreichen, Teller vom Kindergarten).

Hinweis: Für die Vorstellung in einem Kindergarten (Gruppe 10 – 15 Kinder) sollten ca. 60 – 90 Minuten in Form von einem Stuhlkreis eingeplant werden. Zusätzlich werden sechs freie Stühle und ein Stuhl/Tisch für den Imker benötigt. Aus Datenschutzgründen veröffentliche ich keine Bilder von den Kindern.

Organisatorisches: Das Konzept sollte mit den Erzieherinnen vor dem Einsatz abgesprochen und Raum und Stühle für die Gruppe vorbereitet sein. Beim Eintreffen sollten die Kinder bereits im Stuhlkreis sitzen. Teilnehmen sollten Kinder ab dem dritten Jahr bis Vorschulkinder.

Ziel: Die Kinder sollen spielerisch an die Arbeit des Imkers und das Leben der Bienen im Bienenstock herangeführt und Interesse an Bienen geweckt und aufgebaut werden.

Als Besucher der Kindergartengruppe stelle ich mich vor und erzähle kurz, was ein Imker so tut. Ich ziehe vor den Kindern meine Imkerbluse mit Schleier an, nehme den Stockmeisel und den Smoker in die Hand und setze mich zu den Kindern in den Stuhlkreis. Die Frage, warum sich ein Imker so anzieht und was er denn macht, kommt bestimmt. Ich erkläre, dass dies keine Verkleidung ist, sondern eine Ausrüstung, um gut mit Bienen arbeiten zu können.

Früher lebten Bienen in Höhlungen im Wald. Die Menschen haben dort Honig gesammelt.

Heute stellen Imker Behausungen für Bienen auf: zum Beispiel einen Bienenkorb oder einen Bienenkasten, genannt Beute. Bienen bauen darin Waben aus Wachs. Bienen verwenden Waben für die Aufzucht von Bienenkindern. Bienen sammeln Nektar und Blütenpollen und lagern diesen in Waben. Wir Imker möchten, dass die Bienen viele Blüten besuchen und bestäuben, aber wir möchten auch den Honig und das Wachs. Mit dem Stockmeisel werden Beuten geöffnet, Waben gelockert und herausgelöst sowie Wachs entfernt. Bienen haben Angst vor Feuer, bei Rauch möchten sie den Honigvorrat retten und ziehen sich in den Bienenstock zurück. Mit dem Rauch des Smokers werden die Bienen beeinflusst. Die Kinder dürfen den Smoker ausprobieren und auch mal den Rauchgeruch kennenlernen.

- Imker sorgen für genügend Platz, vergrößern und verkleinern
- Imker sorgen dafür, dass Bienen genug Futter haben
- Imker entnehmen von den Bienen Honig und Wachs
- Imker sorgen dafür, dass die Bienen gesund bleiben

Die Kinder dürfen einen mitgebrachten Ablegerkasten mit einer Honigwabe, einer Mittelwand und einer leeren Brutwabe öffnen. Das Flugloch und die Zellen werden untersucht, die Honigwabe mit Honig ist zum Probieren da, an Wachs riechen und daran reiben ergänzt das Schauen und Begreifen.

Dann erfolgt die Überleitung zu dem Bienenwesen – Bienen, Königin und Drohnen.

Die Kinder werden aufgefordert, zu erzählen was sie von Bienen wissen und was Bienen machen.

Hinweis: Anhand von Spielszenen wird das Leben im Bienenstock spielerisch vorgestellt. Kinder werden als Bienen / Königin / Drohne ausgewählt und übernehmen Funktionen im Bienenstock.

In einem Stock sind viele Bienen, die sich bewegen, ohne einander zu behindern.

Im Stock ist es dunkel, Bienen haben Fühler, Kinder gehen aneinander vorbei, ohne sich zu stoßen, vorsichtig mit Händen berühren, achtsamer Umgang. Ein Ball wird weitergegeben, ohne dass er zu Boden fällt.

Die Bienenkönigin legt ein Ei nur in saubere Waben ab. (Bienenkönig bestimmt)

Es werden sechs Stühle umgekippt in die Mitte gelegt. Nun soll die Bienenkönigin das Ei (Ball) auf einen Stuhl ablegen. Was macht nun die Königin – sie kann das Ei nicht ablegen bis die Stühle sauber im Sechseck stehen. Wenn die Königin keine Eier legt, wird das Volk kleiner und schwächer.

Drohnen sammeln und arbeiten nicht. (zwei Jungs als Drohnen auswählen)

Sie sollen die Stühle/Tisch in den Kreis stellen. Sie machen es nicht. Sie werden nur für eine bestimmte Zeit im Stock geduldet, sammeln und arbeiten nicht im Stock, sie überlassen dies den Bienen.

Die Bienen säubern den Stock. (zwei Mädchen werden als Bienen bestimmt)

Die sechs Stühle werden aufgestellt und als Kreis mit Sitzfläche nach außen aufgestellt. Waben aus Wachs bilden immer ein Sechseck und werden mit Pollen, Honig und Eiern für den Bienennachwuchs gefüllt.

Bienen bauen Waben. (eine Biene wird bestimmt)

Das Gläschen mit Wachs wird auf einen freien Stuhl gestellt. Baubienen bauen aus Wachs neue Zellen und vergrößern dadurch den Bienenstock. Wachs war früher sehr kostbar. Es wurden daraus Kerzen als Lichtquelle hergestellt.

Bienen suchen nach geeigneten Blüten und Pflanzen. (eine Biene auswählen)

Es soll im Raum nach einer Blüte gesucht werden. Das Kind bringt die Blüte zum Stuhlkreis.

Bienen erzählen den anderen von Ort mit Blüten und Blumen. (drei weitere Bienen auswählen)

Ein Kind zeigt den anderen drei Kindern die Blüte, lässt dies ansehen, berühren und riechen. Auf die Frage, wo sie diese Blüte gefunden hat, zeigt sie auf die Stelle.

Bienen sammeln Pollen, Nektar, Propolis und Wasser.

Die vier Kinder gehen zu dem Ort und finden vier Gläschen. Diese sollen sie zum Stock bringen. Bienen erkennen Farben und Gerüche. Sie suchen diese und sammeln Nektar und Pollen, bis es keinen Ertrag mehr von dieser Pflanze gibt. Auch bringen sie Wasser zur Kühlung und Propolis zur Reparatur des Stocks

Bienen übergeben den Nektar und lagern ihn als Honig ein. (vier Bienen als Stockbienen)

Die Flugbienen übergeben das Gefundene den Stockbienen. Diese stellen jeweils ein Gläschen auf einen freien Stuhl. Bienen halten Vorrat zur Fütterung von Jungvolk und als Nahrung für die Wintermonate. Sie schützen ihren Vorrat durch einen Wachsdeckel vor dem Verderben.

Bienen lassen keine Fremden in den Bienenstock. (zwei Bienen ausgewählt)

Es werden nur Bienen ohne Fremdgeruch eingelassen. Zwei Kindern werden die Hände mit Deo besprüht. Die Wächter sollen durch Geruchkontrolle diese herausfinden und nicht in den Stuhlkreis lassen. Bienen tauschen den Geruch immer wieder mit der Königin aus.

Nun legt die Bienenkönigin Eier ab. (eine Bienenkönigin wird bestimmt)

Ein Ei (Ball) wird auf einen freien Stuhl abgelegt.

Aus den Eiern werden junge Bienen. (sechs Kinder werden bestimmt)
Die Kinder setzen sich jeweils auf einen Stuhl und machen sich ganz klein, werden langsam größer und sitzen dann aufrecht. Es dauert zwischen 21 und 24 Tage, bis eine neue Biene/Drohne schlüpft

Bienen füttern die die Jungbienen. (eine Biene ausgewählt)
Die Biene verteilt Honig an die sechs Kinder mit Holzspateln. Je nachdem, was die Bienenkinder zu essen bekommen, werden sie zur Königin oder Biene/Drohne

Bienen sorgen für Wärme im Bienenstock.
Alle Kinder stampfen mit den Füßen, dann wird es warm. Im Winter kuscheln sie ganz eng zusammen und wärmen sich gegenseitig. Durch Wärme trocknen sie auch den Honig.

Wenn viele Bienen zusammen sind, hören wir ein Summen.
Zuerst summt nur ein Kind, dann die Mädchen, dann die Jungs, zuletzt summen alle zusammen. Das Summen wird durch das Bewegen der Flügel verursacht. Beim Fliegen von Blüte zu Blüte ist dies ein leises Summen. Werden Bienen im Stock gestört, kann es ein lautes Brausen werden. Mit ihren Flügeln kühlen sie den Bienenstock und erzeugen auch ein Brummen. Drohnen sind kräftiger und fliegen schneller, ihr Summen ist lauter

Eventuell das folgende Lied singen:

Summ, summ, summ, Bienchen summ herum
Ei, wir tun dir nichts zu Leide, flieg nur aus in Wald und Heide
Summ, summ, summ, Bienchen, summ herum
Summ, summ, summ, Bienchen summ herum

Such in Blumen, such in Blümchen, dir ein Tröpfchen, dir ein Krümchen
Summ, summ, summ, Bienchen, summ herum
Summ, summ, summ, Bienchen summ herum
Füll nur fleißig deine Waben, dass wir süßen Honig haben
Summ, summ, summ, Bienchen summ herum

Bienen nehmen Honig als Futter.

Ein Honigglas wird auf einen Tisch gestellt und damit werden kleine Brote bestrichen. Jedes Kind erhält ein Stück Brot mit Honig. Es wird gefragt, wie es schmeckt. Honig ist gesund und enthält viele gute Inhalte.

Durch das Spiel lernen die Kinder den Ablauf in einem Bienenstock und lernen den achtsamen Umgang. Bienen halten zusammen und helfen und schützen sich gegenseitig. Bienen möchten nicht, dass man ihnen den Honig wegnimmt. Früher war es der Bär, heute nimmt der Imker den Bienen den Honig weg und gibt ihnen dafür Zuckerwasser. Bienen können sich wehren und Angreifer stechen.

Um sich vor Bienenstichen zu schützen hat ein Imker einen Anzug und einen Rauchapparat. Bei Rauch gehen die Bienen in ihren Stock und wollen den Honig retten.

Kinder ziehen den Imkeranzug an und sehen dann wie Imker aus.

Verhalten bei Bienen:

„Wenn eine Biene auf euch zukommt, ganz ruhig bleiben und nicht schlagen, dann macht die Biene euch nichts. Wenn doch einmal gestochen, den Stachel schnell entfernen und die Stelle kühlen."

Was man für Bienen tun kann:

„Damit die Bienen in eurem Garten etwas Nützliches finden, könnt ihr mit euren Eltern Blumen und Pflanzen anbauen, die Bienen mögen, auch Nisthilfen für Wildbienen schaffen."

Guten Honig beim Imker kaufen:
„Und wenn euch der Honig geschmeckt hat, dann sagt zu euren Eltern, sie sollen doch Honig nicht im Supermarkt kaufen, sondern beim Imker vorbeischauen und den Honig von dort mitbringen."
Wenn noch Fragen vorhanden sind, werden diese kindgerecht beantwortet. Der Imker verabschiedet sich und verlässt die Kindergartengruppe.

Besuch beim Imker
In den Sommermonaten Juni, Juli und August biete ich seit dem Jahr 2023 an drei Samstagsnachmittagen eine öffentliche Veranstaltung „Besuch beim Imker" an. Diese Veranstaltungen wurden mit 5-12 Personen gut angenommen. Aber auch beim Haustürverkauf von Honig wurde die Besichtigung des Bienenstandes nachgefragt. Beim örtlichen Straßenfest gehört der Besuch an meinem Bienenstand auch dazu.

Hinweis: Die Besucher/Kinder sollen den Imkerstand fußläufig erreichen können. Beim Besuch am Bienenstand ziehe ich den Kindern, die sich dem Stock direkt nähern, einen Schutzanzug an. Sonst Besichtigung aus ca. 3 Metern Abstand von der Bienenbeute bzw. hinter dem Flugloch, möglichst mit Kopfbedeckung. Die Teilnahme erfolgt immer auf eigene Gefahr (Hinweis!). Ich achte auf entsprechende Witterung mit Bienenflug. (bei Gruppen Nachfrage wegen bestehender Bienengiftallergie).

Ich erkläre das Verhalten am Bienenstock und die anfallende Arbeit bei einer Durchsicht. Von den Kindern lasse ich den Smoker mit Rauchmaterial füllen. Der Smoker wird durch den Imker angezündet und die Funktion erklärt, die Kinder dürfen ihn betätigen.

Bevor ich die Beute öffne, beobachte ich das Verhalten der Bienen am Flugloch. Der Bienenstock wird geöffnet und Bienen mit Rauch besänftigt. Eine Honigwabe wird entnommen und ich erkläre, wie man diese Wabe hält. Wenn sich ein Kind traut, kann es die Wabe halten (mit möglichst wenig oder keinen Bienen). Der Aufbau der Wabe wird erklärt. Auf der Honigwabe sind nur Stockbienen. Honigwaben und Drohnenwaben eignen sich am ehesten zum „Bienenkuscheln". Danach kann eine Drohnenwabe entnommen werden (möglichst ohne Königin, damit diese nicht verloren geht). Es geht darum, Bienen zu be-greifen.

Hinweis: Immer mit offener Hand, immer mit Ruhe agieren, keine hektischen Bewegungen, Finger lang ausstrecken, niemals mit desinfizierten Händen oder Bananengeruch an die Bienen gehen.

Auf den Drohnenwaben sitzt zumeist der Bautrupp und diese Damen haben noch keine gefüllten Giftblasen. Eine offene Hand darunter halten und einige Bienen vorsichtig abstreifen. Das leichte Krabbeln spüren und dann die Bienen auf die Wabe zurücklaufen lassen.

Dann werden die Waben wieder eingesetzt und die Beute geschlossen.

Mit Gruppen von Kindern führe ich noch eine Flugloch-Beobachtung durch.

Die Kinder sollen ermitteln, in welche Richtung die Bienen fliegen.

In meinen Garten gibt es eine Vielzahl von blühenden bienenfreundlichen Gewächsen, viele Nisthilfen und einen Brutplatz von Sandbienen.

Dann sollen die Kinder im Garten nach Pflanzen suchen, zu denen die Bienen fliegen.

Bienen auf Blüten (Sammeltätigkeit Pollen oder Nektar) werden beobachtet.

Die Kinder werden aufgefordert, zuhause Blumen und Blüten für Bienen im Garten zu pflanzen und auch Bienen zu beobachten.

Außerhalb der Trachtzeit kann man mit etwas Honig auf dem Finger in Beutenähe Bienen anlocken. Dieser „Honigfinger" wird in kürzester Zeit gefunden und von Bienen abgeleckt. Kribbeln beim Abschlecken ist garantiert.

Hinweis: Nur eigenen Honig oder hochprozentige Zuckerlösung verwenden, wegen der Gefahr von Faulbrut bei fremdem Honig (aus Importen).

Neben dem Interesse an der Imkerarbeit hat sich durch diese Öffentlichkeitsarbeit auch die Vermarktung von meinem Honig verbessert: Win-Win-Win – für die Kinder, die Bienen und den Imker.

6.5 Kooperationsbeispiel Mittagsbetreuung – Grundschule

*von Yvonne Gärtner,
Pädagogische Fachkraft
für Grundschulkindbetreuung*

Als ich 2021 in der Mittagsbetreuung „Naturraum" der Grundschule Hemhofen begann, bestanden bereits zwei Kooperationsprojekte im Bereich Umwelterziehung zwischen Schule und Mittagsbetreuung.

Das war zum einen die **„GemüseAckerdemie"**, die von der schulischen „Acker-AG" geleitet und nachmittags und auch in den Ferien von den Mittagsbetreuungen „Freiraum" und „Naturraum" weitergeführt wird. Sie ist ein Bildungsprojekt von Acker e. V. Hier können die Kinder Gemüsesorten kennenlernen, anpflanzen, den Acker bewirtschaften und letztendlich die Früchte ihrer Arbeit ernten und probieren. Ein tolles ganzheitliches Projekt für alle Altersstufen! :-)

Zum anderen waren bereits 2022 die **„Schulbienen"** an der Grundschule Hemhofen eingezogen. Auf dem Gelände der Schule entstand damals unter großem Engagement vieler Beteiligter ein gut gestaltetes und praktisch ausgestattetes Bienenhaus. Dieses bietet vier Bienenvölkern, den dazugehörigen Schutzanzügen und sonstigem Zubehör reichlich Platz. In Zusammenarbeit mit dem Imkerverein Herzogenaurach und Umgebung e. V., unter der Obhut von Erik Busch, wurden ein komplettes Equipment zur Unterbringung und Pflege der Völker und eine Honigschleuder mit Zubehör zur Honigernte angeschafft.

Bild 11: Bienenhaus an der Grundschule Hemhofen, Foto: Yvonne Gärtner.

Außerdem wurden rund um Wiese und Sportplatz der Schule mehrere Obstbäume angepflanzt, Blühwiesen angesät und Insektenhotels aufgestellt. Die angrenzenden Gärten der Anwohner und die agrarwirtschaftlich genutzte Fläche hinter dem Schulgelände boten zudem ideale Bedingungen, um den Bienen ausreichend Nahrung zu bieten.

Schließlich wurde die Bienen-AG gegründet und konnte im Rahmen des FREI DAYs regelmäßig in den laufenden Unterricht eingebunden werden.

„Am FREI DAY stellt das Leben die Fragen. Schüler*innen sind selbst gewählten Zukunftsfragen auf der Spur. Sie entwickeln innovative und konkrete Lösungen und setzen ihre Projekte direkt in der Nachbarschaft und Gemeinde um. Der FREI DAY ist ein Lernformat, das Schüler*innen dazu befähigt, die Herausforderungen unserer Zeit selbst anzupacken und diesen mit Mut, Verantwortungsbewusstsein und Kreativität zu begegnen. Am FREI DAY lernen Kinder und Jugendliche, die Welt zu verändern."

(Schule im Aufbruch gGmbH, 2023)

Die Mitarbeiter der Mittagsbetreuung beteiligten sich am Nachmittag zusammen mit den Kindern wahlweise an diesen Projekten. Für mich, die sich der Natur sehr verbunden fühlt, war schnell klar, mich hier einbringen zu wollen. Obwohl ich keinerlei Erfahrung mit der Imkerei hatte oder vielleicht auch gerade deshalb, fiel meine Wahl auf die Bienen.

Die Aufgaben bei der Bienenpflege

Da die organisatorische Umsetzung und die Anschaffung aller notwendigen Materialien bereits erfolgt waren, ging es für mich um die Unterstützung zur Weiterführung des Projektes.

Meine Kollegin Kerstin, die von Anfang an mit der Betreuung der Völker vertraut war, und unser Imker Erik erklärten mir dazu eine Menge Dinge, von denen ich manchmal nur Bahnhof verstand:

- Was für eine Beute? Bienen jagen doch nicht.
- Die Bienen tragen eine Tracht? Pluderhosen?

Fragen über Fragen! Also musste erstmal eine Fortbildung her.

Auf der Internetseite der Bayerischen Landesanstalt für Weinbau und Gartenbau, kurz LWG, wurde ich schnell fündig und meldete mich kurzerhand beim vierteiligen Anfängerkurs Imkerpraxis an.

- Anfängerkurs Imkerpraxis - Auswinterung und Frühjahrsarbeiten
- Anfängerkurs Imkerpraxis - Arbeiten während der Schwarmzeit
- Anfängerkurs Imkerpraxis - Sommerpflege, Ernte
- Anfängerkurs Imkerpraxis – Spätsommerpflege

(Bayerische Landesanstalt für Weinbau und Gartenbau, 2023c)
⇒ Diese Onlinekurse sind übrigens kostenlos und sehr informativ.

Die anschaulichen Videos und gut verständlichen Erklärungen des Referenten Gerhard Müller-Engler haben mir viel Wissen und Handlungskompetenz vermittelt. Ich habe im Laufe des Jahres an allen Anfängerkursen teilgenommen und schon viele Handgriffe und Tipps daraus selbst anwenden können.

Natürlich machten diese Kurse keinen Imker aus mir, aber sie waren eine immense Hilfe beim fachlichen Austausch, bei Unsicherheiten im Umgang mit den Bienen und natürlich beim Beantworten der vielen interessierten Fragen unserer Kinder in der Mittagsbetreuung.

Die Mittagsbetreuung der Kooperation Grundschule in der Praxis

Zur Ergänzung der Bienen-AG, mit fächerübergreifenden Aktionen, den dazugehörigen Plakaten, im Schaukasten ausgestellten und bei Festen zum Verkauf angebotenen Ergebnissen, führt die Mittagsbetreuung Themen des Unterrichts fort, greift Fragen und Interessen der Kinder auf und geht diesen individuell nach. Im Gegensatz zur Verbindlichkeit in der Schule wirken die Schüler nachmittags freiwillig an den angebotenen Aktionen der Mittagsbetreuung mit. Es entstehen immer neue Gruppenzusammensetzungen mit unterschiedlichem Wissensstand und unterschiedlicher Handlungskompetenz der Kinder. Dies führt zu einem stetigen Austausch mit Hilfestellung untereinander und einem Lernen voneinander.

Außerdem können Lerninhalte durch praktische Umsetzungen vermittelt werden:

- Selbst etwas tun bei handwerklichen Aktivitäten wie Rähmchen bauen, Mittelwände einlöten und Honig schleudern führen zum besseren Begreifen trockner Theorie.
- Eigene Ideen einbringen und umsetzen bei der kreativen, künstlerischen Gestaltung eines Produktes verleihen dem Thema mehr Bedeutung und machen stolz auf die selbst erbrachte Leistung.
- Alle Sinne anregen. In der Erde graben und Blühpflanzen setzen. Im Frühling über die Blüten staunen, ihren Duft riechen und abschließend einen Blumensalat essen.
- Wachsschmelzen und damit Kerzen ziehen, Lippenbalsam oder Wachstücher herstellen.
- Malwettbewerbe veranstalten, Freundschaftsbändchen knüpfen.
- Es lohnt sich auch, mit den Kindern gemeinsam dialogisches Lesen oder eine Sachbuchbetrachtung durchzuführen.

Das sind nur einige von vielen weiteren Möglichkeiten der praktischen Umsetzung.

Auch die regelmäßige Unterstützung unseres Imkers bei der Pflege der Bienenvölker führt zu individuellen, oft situationsbezogenen Angeboten mit den Kindern.

Was kann man sich darunter vorstellen?

Kontrolle Milbenbelastung

- Durch eine regelmäßige Zählung der Varroamilben auf der Ölwindel kann die Intensität des Befalls ermittelt werden. Das trägt zur Entscheidung bei, wann eine Behandlung stattfinden sollte.
- Die Kinder lernen, Milben zu erkennen. Ein Austausch über Schädlinge im Allgemeinen und deren Auswirkungen auf Bienen und andere Lebewesen findet statt.
- Bei der Betrachtung der Ölwindeln werden Milben gezählt. Aber auch heruntergefallene Pollen, Unrat und tote Insekten, beispielsweise Ameisen oder Wespen, werden hier in Augenschein genommen und geben Aufschluss über die Aktivität der Völker und weiteren Schädlingsbefall.
- Eine Buchführung der erhobenen Zahlen ist denkbar. Mittels Diagrammerstellung werden den Kindern der Verlauf der Milbenpopulation und andere Sichtungen veranschaulicht.

Regelmäßige Beobachtung der Fluglöcher

- Hört sich unwichtig an, ist aber sehr aufschlussreich.
- Sind die Arbeiterinnen aktiv? Wie viele sind unterwegs? Werden Pollen eingebracht?
- Wieder werden der Austausch mit den Kindern, Wissensvermittlung und Erzählungen angeregt.
- Der Imker erhält Rückmeldungen zur Aktivität der Bienen. Auf

außergewöhnliche Vorkommnisse kann schneller reagiert werden. Erst vor kurzem konnten durch diese Beobachtungen zwei Völker vor Wespen gerettet werden!

Bienen besuchen, Sichtfensterkontrolle an der Beute
- Sind die Bienen im Stock aktiv? Wie groß sind die Völker und wer lebt alles im Bienenstock?

Reinigungsarbeiten, Versorgung
- Ölwindeln werden mit einem Spachtel gesäubert und neu mit Speiseöl eingepinselt.
- Entsorgung toter Bienen und anderer Insekten im und rund um das Bienenhaus.
- Bereitstellung geeigneter Wassergefäße in der Nähe mit regelmäßiger Kontrolle und täglichem Nachfüllen des Wassers an heißen Tagen

Das Interesse der Schüler zu wecken, Beobachtungen zu besprechen und ihnen zuzuhören schaffen Verständnis für Zusammenhänge im Bienenvolk sowie Abläufe in der Natur mit der Erkenntnis: Bienen sind wichtig!

Durch die direkte Konfrontation mit den Tieren kann Vorurteilen und Ängsten begegnet werden, bestenfalls werden sie durch Aufklärung und Eigenerleben verringert.

Vor allem Ängste sind immer ernst zu nehmen, können aber mit den Kindern gemeinsam reflektiert und hinterfragt werden.

Nutzen der Kooperationsarbeit Schulbienen

Natürlich ist eine Zusammenarbeit mit den Verantwortlichen nicht dasselbe, wie ein eigenes Projekt von Anfang an aufzubauen und umzusetzen.

Dennoch können alle Mitwirkenden von der Einbindung einer Mittagsbetreuung beim Projekt „Schulbienen" profitieren:
- Die Mittagsbetreuung
  - Nutzung ohne eigene Anschaffungskosten und Organisation
  - themenbezogene Angebote und gemeinsame Aktionen durchführen
  - Erwerben von Grundkenntnissen der Imkerei
- Die Schule
  - Weiterführung oder Ergänzung schulischer Projekte
  - Unterstützung bei Aktionen, wie z.b. Honigschleudern
  - Entlastung der Lehrer bei der Bienenversorgung
- Die Imker
  - Unterstützung bei der Pflege
  - Rückmeldung von Beobachtungen und Milbenzahlen
- Die Kinder
  - Kontakt zu den Bienen außerhalb der Schulzeit
  - Fragen und Interessen mitbringen und bearbeiten
  - Eigene Umsetzung von Ideen zum Thema
- …und noch viele direkt und indirekt Beteiligte.

Mein Fazit

Ich bin sehr froh und dankbar, bei den Schulbienen mitwirken zu dürfen, da sie für mich und die Kinder eine Bereicherung darstellen. Wie wichtig Bienen für uns Menschen sind und welche Themen sich aus dem Umgang mit ihnen ergeben, können die Schüler der Grundschule hier hautnah erfahren und auch mit allen Sinnen begreifen. Nebenbei werden personelle und soziale Kompetenzen erweitert und ein Grundstein für den Umweltschutz in den Köpfen der Kinder gesetzt. Wir Fachkräfte können ein gutes Vorbild sein im Umgang mit unserer Umwelt.

Es ist natürlich von Vorteil, Pflanzen und Insekten zu kennen und benennen zu können. Meines Erachtens ist es aber viel wichtiger, im Alltag achtsam zu sein, Begeisterung zu zeigen, die Kinder auf allen Ebenen mitzunehmen und gegebenenfalls auf Situationen und Dinge hinzuweisen:

„Schau, auf dem Apfelbaum ist eine von unseren Bienen fleißig am Bestäuben und Nektar sammeln. Dank ihr können wir bald wieder knackige Äpfel und leckeren Honig ernten."

Und was mir persönlich immer sehr wichtig ist: Der Spaß dabei! Probiert es doch einfach aus!

6.6 Bienen-AGs als fester Bestandteil der Ganztagsschule

von Sandra Hack

Die Bienen-AG fügt sich als einer von vielen Workshops in das Wahlprogramm der gebundenen Ganztagsschule an der Mittelschule Herzogenaurach ein. Er kann in (durch stundenplantechnische Einschränkungen) vorab festgelegten Jahrgangsstufen von den Schülern für ein Halbjahr gewählt und bei Interesse auch länger belegt werden. Zu den im Stundenplan verankerten Treffen kommen auch freiwillige Dienste und Exkursionen am Wochenende, wenn z.B. der Honig geschleudert und abgefüllt oder ein Verkaufsstand betreut wird.

Inhaltlich wechseln sich im Kurs theoretische Inhalte und praktische Arbeiten ab.

In der Theorie stehen Bienenkunde, ökologische Zusammenhänge und auch die Tätigkeiten eines Imkers rund um das Jahr im Mittelpunkt.

Mit kindgerechten Materialien erhalten die Kinder Grundkenntnisse über Bienenarten, ihre Merkmale und Lebensweisen. Anhand von Schaubeuten erlernen sie den Aufbau und die Funktionsweise eines Bienenstocks, die Aufgaben der Bienen im Stock und im Jahreslauf sowie die Lebenszyklen der Bienen.

Bild 12: Eine neue Mittelwand wird ins Volk gegeben, Foto: Sandra Hack.

Aus **ökologischer Sicht** erfahren sie, welche Bedeutung die Bienen bei der Bestäubung von Pflanzen und damit für die Lebensmittelproduktion haben. Umgekehrt sehen sie auch, welche Probleme für die Bienen und dann auch für uns Menschen aus einer Umgebung erwachsen, die arm an Blühpflanzen ist. Dies ist für die Schüler oft ein echtes „Aha-Erlebnis" und öffnet ihnen die Augen für ihre nähere Umgebung. Da sich die Schule mit der Auszeichnung „Umweltschule" nun auch in neuen Projekten der konsequenten Vermittlung und Arbeit an den BNE-Zielen zur Nachhaltigkeit verschrieben hat, ist diese AG ein wertvoller Mikrokosmos für das Verstehen der Zusammenhänge. Bei der Arbeit im Schulgarten entsteht fast automatisch ein Einblick, wie dieser bienenfreundlich geplant werden kann – eine wertvolle Anregung auch für den heimischen Garten.

Bild 13: Komplett verdeckelte Honigwabe vor dem Schleudern, Foto: Sandra Hack

Ein weiterer Theoriebaustein sind **Grundkenntnisse über die Imkerei**. Ziel ist, den Kindern einen Überblick über alle notwendigen und anstehenden Tätigkeiten im Laufe eines Imkerjahres zu geben und dabei so viele Tätigkeiten wie möglich auch selbst auszuführen. Dafür wurden in der Schule aus Spendengeldern der Öko-Initiative Herzogenaurach und aus Fördergeldern für das Imkern an Schulen eine ganze Reihe von Imkeranzügen und anderen Materialien wie Stockmeisel und Smoker angeschafft, damit wirklich jedes Kind (freiwillig) direkt an den Bienenstöcken arbeiten kann. Auch die Stockkarten werden von den älteren Kindern mit ausgefüllt, aber hier ist immer die helfende Hand der Profis erforderlich.

Bild 14: Schüler mit Entdeckelungsgabel vor der Honigschleuder, Foto: Sandra Hack.

Auch die **rechtlichen Grundlagen** der Bienenhaltung sind Bestandteil des Kurses. Die Schüler erfahren, dass bei der Haltung von Bienen eine Anmeldung beim Veterinäramt erfolgen und eine Betriebsnummer beantragt werden muss. Es ist auch selbstverständlich, dass von Seiten der Eltern Einverständniserklärungen für alle Tätigkeiten vorliegen müssen und Fragen der Haftpflicht vor Einrichtung des Kurses geklärt sind. Auch in meiner eigenen Tätigkeit als Imkerin lege ich großen Wert auf die Einhaltung aller gesetzlichen Bestimmungen.

Bild 15: Beim Waben entdeckeln, Foto: Sandra Hack.

Das spannendste und zentrale Thema für die Kinder ist aber immer wieder die Honigproduktion und -verarbeitung. Sie verstehen, wie Honig entsteht, lernen viele Honigarten und ihre Verwendung kennen und sind aktiv und begeistert bei der Sache, wenn es darum geht, die Honigwaben zu entdecken, die Waben zu schleudern und später dann den Honig abzufüllen und zu etikettieren.

Auch beliebt ist die Herstellung einfacher Produkte aus Bienenwachs wie Kerzen oder Lippenbalsam. Dabei werden den Teilnehmenden auch in Ansätzen ökonomische Grundlagen vermittelt, da sie im Prozess erkennen, dass zunächst Geld und Material eingesetzt und gekauft werden müssen, bevor das fertige Produkt in den Verkauf geht. Voller Stolz und mit einem hohen, freiwilligen Engagement präsentieren und verkaufen viele unserer Schülerinnen und Schüler Honig und Bienenprodukte bei Festen in der Schule und auch auf dem Ökofest oder dem Altstadtfest und beantworten gerne alle Fragen rund um die Bienen-AG der Mittelschule.

Bild 16: Beim Etikettieren des Schulhonigs, Foto: Sandra Hack.

Fazit: Darum ist eine Bienen-AG eine wertvolle Erfahrung

Die Bienen-AG an der Mittelschule Herzogenaurach hat sich über die ersten Jahre hinweg zu einer äußerst positiven und pädagogisch wertvollen Initiative entwickelt, bei der aber auch immer ein genauer Blick auf die möglichen Schwierigkeiten gerichtet werden muss:

- Die Schülerschaft der Mittelschule ist extrem heterogen in ihrer Zusammensetzung. Neben dem unterschiedlichen Alter der Kinder ist auch oft zu beachten, dass die Sprachkenntnisse und die Motivation sehr unterschiedlich sind und im Kurs entsprechend beachtet werden müssen. Die Bereitschaft zur Zusatzarbeit ist nur bei wenigen Schülern vorhanden und sollte entsprechend honoriert werden (Bemerkungen im Zeugnis).
- Viele Schüler sind ängstlich, weil es ihnen an Naturerfahrungen mangelt oder sie wenig Vertrauen in ihre Fähigkeiten haben. Diese Schüler benötigen eine besonders intensive Betreuung. Es ist sehr sinnvoll, wenn phasenweise mehrere Personen zur Verfügung stehen, die den Kurs betreuen.
- Insgesamt sind viel Erfahrung und Führung notwendig, um alle zu integrieren.

Dennoch entdeckten Kinder, die mit Herausforderungen in ihrem Zuhause konfrontiert sind oder aus Umgebungen mit besonderen Schwierigkeiten stammen, in der Bienen-AG häufig eine förderliche Gemeinschaft. Das gemeinsame Handeln stärkt die Teamfähigkeit und schafft eine Atmosphäre, in der sich Schülerinnen und Schüler unabhängig von ihrem Hintergrund wohl und akzeptiert fühlen können. Diese Stunden in der AG bieten den Kindern nicht nur eine pädagogisch wertvolle Erfahrung, sondern auch einen Zufluchtsort, an dem sie sich entspannen und gemeinsam mit anderen positive Erlebnisse teilen können. Als besonders wertvoll ist daher die soziale Dimension des Kurses anzusehen.

In der AG steht das selbstständige Handeln der Schüler im Vordergrund. Anstatt auf technische Lösungen zurückzugreifen, wie beispielsweise Apps zur Stockverwaltung, werden die Schüler dazu ermutigt, Stockkarten von Hand zu schreiben. Dies fördert nicht nur ihre Schreibfähigkeiten, sondern auch ihre Beobachtungsgabe und ihr Verständnis für die Bienen.

Die bewusste Entscheidung, wenig Technologie einzusetzen, ermöglicht den Schülern, eine tiefe Verbindung zur Natur und zu den Bienen herzustellen und zu erkennen, wie wichtig Bienen für die Natur und den Menschen sind.

6.7 Eine Bienen-AG an der Realschule

von Frank Lehmann

6.7.1 Projektidee – zu meiner Person

Mein Name ist Frank Lehmann und ich war zu Beginn des Projektes „Bienen AG" zehn Jahre Lehrer an der Realschule Höchstadt. Eigentlich hat mich Umweltschutz schon lange interessiert, da ich aber die Fächer Deutsch und Geschichte an der Realschule unterrichte, war das Thema nur selten Mittelpunkt meines Unterrichts.

An der Realschule haben wir von Beginn an ein von Lehrern und Schülern betreutes Schülercafé, das den Pausenverkauf und die Verpflegung für die Mittagsbetreuung an unserer Schule stemmt. Bereits in den

Jahren zuvor war ein Glas selbstgepresster Apfelsaft fester Bestandteil eines jeden Mittagessens in der Mensa unserer Schule.

Jeden Herbst fuhren wir Lehrer mit den Schülern des Schülercafés zu Streuobstwiesen im Einzugsgebiet unserer Schule und brachten die Ernte nach Höchstadt zum Pressen. Schon lange hegten wir Lehrer den Wunsch, auf unserem weitläufigen Schulgelände eine Streuobstwiese zu pflanzen, um die Fahrzeiten (meist mit Privat-PKW) zu minimieren.

Vor der Pflanzung des ersten Baumes stellte sich die Frage, wie wir die Ernte optimieren konnten. Die Antwort lag auf der Hand: „Bienen müssen her!", aber nur wie?

Heute, mit der zweiten Auflage dieses Buches, hat sich sowohl bei der Schulimkerei an der Realschule Höchstadt als auch bei anderen Schulen im Landkreis einiges getan und sich auch vieles verändert.

6.7.2 Organisatorische Umsetzung der Projektidee „Bienen müssen her"

Im Herbst 2015 suchte ich den Kontakt zu einem Imker bzw. zu einem Imkerverein. Da ich in Mühlhausen wohne, besuchte ich regelmäßig einen Imker des Vereins vor Ort und schaute ihm über die Schulter, half mit beim Einfüttern und im nächsten Frühjahr konnte ich von ihm ein kleines Volk erhalten.

Da das Aufstellen einer Bienenbeute an einer öffentlichen Schule damals noch mit vielen organisatorischen Fragen verbunden war, stellte ich das Volk zu Beginn in meinen Garten und versorgte es.

Zeitgleich stellte ich der Schulleitung schriftlich die Projektidee mit einem festen Zeit- bzw. Kostenplan vor.

QR-Code 28: Projektinfo Schulleitung   QR-Code 29: Projektinfo Kollegium

Die Schulleitung zeigte sich sofort begeistert, jetzt galt es, den Sachaufwandsträger (Landratsamt Erlangen-Höchstadt) und den Hausmeister für das Projekt zu begeistern. Sowohl Sachaufwandsträger als auch unser Hausmeister erhielten vorab schriftlich den Plan der Projektidee, in einem Gespräch wurden dann alle offenen Fragen geklärt.

❗ **Wichtig!**

Meines Erachtens ist es wichtig, alle beteiligten Institutionen zu informieren und das Projekt auf eine breite Basis zu stellen.

6.7.3 Umsetzung der Projektidee mit den Schülern

Nachdem alle organisatorischen Fragen geklärt waren, konnte ich nun mit meiner damaligen 8. Klasse das Projekt starten.

Ähnlich wie bei der Schulleitung und dem Sachaufwandsträger stellte ich der Klasse das Projekt schriftlich vor. Ein Großteil der Klasse war von Beginn an „Feuer und Flamme" für das Projekt.

ℹ **Hinweis**

Im Gespräch mit den Schülern entstanden aber auch Fragen, wie zum Beispiel inwieweit man bei den Bienen mithelfen müsse. Gerade Schüler, die Allergiker sind bzw. Angst vor Bienenstichen haben, sollte man hier im Auge haben und bei ihnen mögliche Bedenken aus dem Weg räumen, indem man ihnen erklärt, dass die Arbeiten am Bienenvolk absolut freiwillig sind und immer mit einem Stichanzug erfolgen.

So bauten wir also in den Wintermonaten an mehreren Nachmittagen Bienenbeuten und Rähmchen für unsere ersten Völker. Als Lehrer sollte man hier auf das handwerkliche Geschick seiner Schüler achten und unterstützend eingreifen. Nebenbei eigneten wir uns theoretisches Wissen über ein Bienenvolk an.

Vorteilhaft sehe ich bis heute, dass ich als Jungimker eigentlich kaum Vorwissen über die Bienen hatte und so konnten wir – Schüler und Lehrer – uns auf Augenhöhe begegnen und gegenseitig voneinander lernen.

Im Mai 2018 konnten dann die ersten Bienen als Ableger in die neuen Beuten der Realschule Höchstadt umsiedeln.

Bild 17: Bienenstand Realschule Höchstadt, Foto: Frank Lehmann

Gemeinsam betreuten wir bis zum Schuljahresende die Bienen und konnten miterleben, wie unsere Völker über den Sommer wuchsen.

➕ Chance für positives Feedback
Die Schüler waren stolz auf ihre Arbeit und natürlich auf ihre Bienen.

Zudem besuchten wir bei der für die achte Jahrgangsstufe obligatorischen Fahrt nach Weimar neben Goethe und Schiller auch das „Deutsche Bienenmuseum". Neben einem kurzen Einblick in die Geschichte der Imkerei und dem Besuch des Museums durften wir beim Schleudern der Honigwaben zuschauen und konnten uns ein Bild unserer Arbeit im nächsten Jahr machen.

6.7.4 Das eigentliche Jahresprojekt in der 9. Jahrgangsstufe

In der 9. Jahrgangsstufe ist im Rahmen des Lehrplans ein fächerübergreifendes Jahresprojekt vorgesehen, bei dem die Schüler möglichst selbstständig ein größeres Thema bearbeiten und einem breiten Publikum vorstellen.

Für uns war das Thema klar, natürlich unsere Schulimkerei. Basisdemokratisch versuchten wir, das Thema „Schulimkerei" in einzelne Bereiche aufzuteilen und einzelnen Schülergruppen zuzuordnen.

QR-Code 30: Projektinfo Schüler

QR-Code 31: Vorlage Protokoll

In regelmäßigen Abständen trafen sich die Gruppen nachmittags zu einer Besprechung ihrer eigenständig erarbeiteten Ergebnisse, nebenbei stand natürlich die Arbeit an den Völkern auf dem Plan.

Mitte Februar erhielt die Klasse vier Schultage Zeit, ihre Ergebnisse in einer PowerPoint-Präsentation für einen möglichen Vortrag am Ende des Schuljahres zusammenzufassen.

Im Frühjahr stand die Arbeit an den beiden Bienenvölkern im Mittelpunkt und in den Pfingstferien konnte zum ersten Mal geschleudert werden. Da wir noch keine eigene Schleuder besaßen, unterstützte uns hier der Imkerverein Mühlhausen.

Mitte Juli wurde das Projekt beim Sommerfest einer breiten Öffentlichkeit in Form eines PowerPoint-Vortrages von den Schülern vorgestellt, dabei konnten die Gäste auch den frisch abgefüllten Honig kaufen. Im Juli wurde dann ein zweites Mal geschleudert und die Bienen eingefüttert, damit endete dieses Bienenjahr für die 9. Klasse erfolgreich.

6.7.5 Vom Klassenprojekt zur Arbeitsgemeinschaft

In den nächsten Schuljahren wurde aus dem Klassenprojekt eine Arbeitsgemeinschaft gebildet, die sich einmal die Woche nachmittags traf.

Gerade ab dem Schuljahr 2019/2020, als die „Fridays for Future"-Bewegung und das „Bienenvolksbegehren" die Themen Arten- und Umweltschutz immer stärker in das öffentliche Bewusstsein rückte, hatte die Arbeitsgemeinschaft enormen Zulauf.

Schüler wollten nicht nur demonstrieren, sondern auch aktiv handeln. Auf dem Schulgelände wurde neben der Streuobstwiese eine Blumenwiese angelegt. Mit dem Beginn der Corona-Pandemie und den ersten Schullockdowns endete jedoch diese erste Arbeitsgemeinschaft.

Mitglieder brachen weg, da man sich nicht mehr außerhalb des Unterrichts auf dem Schulgelände treffen konnte.

Im Frühjahr 2021 initiierte ich dann eine BienenAG in Form des Distanzunterrichts via MS-Teams. Über eine Handykamera waren die interessierten Schüler jetzt mit mir und den Bienen verbunden. Das Interesse bei den Schülern war groß, allerdings fehlte natürlich der direkte Kontakt zu den Bienenvölkern.

Kurz vor den Pfingstferien konnten wir uns dann zum ersten Mal live bei den Bienen treffen und nach Pfingsten auch gemeinsam zum ersten Mal schleudern.

Bild 18: Treffen bei den Bienen, Foto: Frank Lehmann

Zu dieser Zeit zählte die BienenAG an der Realschule Höchstadt elf Mitglieder, darunter waren vier Schüler, deren Eltern gerade zum Imkern begonnen hatten oder in deren Verwandtschaft ein Imker war.

Ich habe dies zu Beginn für problematisch erachtet, da nicht alle Schüler das gleiche Vorwissen hatten, musste allerdings schnell feststellen, dass gerade diese Schüler mit ihrem Wissen die BienenAG enorm bereicherten, da der Lehrer nicht immer alles erklären musste und so die Jungimker voneinander lernen konnten.

6.7.6 Neue Ausrichtung und Kontakt mit anderen Schulimkereien im Landkreis

In den folgenden Jahren schossen im Landkreis ERH die Schulimkereien aus dem Boden und Dr. Erik Busch – der 1. Vorsitzende des Kreisimkerverbandes – und ich sahen die große Chance, ihnen bei ihrer Gründung mit Rat und Tat zur Seite stehen zu dürfen.

Einige dieser Schulimkereien sind im vorliegenden Buch vertreten. Neben den Starthilfen an den einzelnen unterschiedlichen Schulen wurde auch bald ein „Schulimkerstammtisch" gegründet.

Drei- bis viermal im Jahr treffen sich daher die Betreuungslehrer von derzeit 13 Schulimkereien unterschiedlichster Bildungseinrichtungen – vom Kindergarten über die Mittelschulen bis hin zu Gymnasien –, um sich gegenseitig ihre neuen Projektideen vorzustellen.

6.7.7 Das Digitalisierungs-Projekt

Der Kreisverband der Imker wollte Anfang 2022 eine Gruppe von Imkern gründen, die sich um die Digitalisierung von Bienenbeuten kümmert. Die Idee wurde den Leitern der Schulimkereien vorgestellt, die ziemlich schnell für das Projekt brannten.

Mit finanzieller Unterstützung des Landesverbandes der Imker in Bayern konnten Bausätze über den Kreisverband besorgt werden und die einzelnen Schulen trafen sich regelmäßig für den Zusammenbau an einer Schule im Sommer und Herbst 2023. Anfang 2024 wurden alle digitalen Beuten an den Schulen installiert und jetzt konnten endlich erste Daten gesammelt werden.

Bild 19: Löten an der Elektronik des beelogger-Messsystems, Foto: Frank Lehmann.

6.7.8 Von der BienenAG zur UmweltAG

Lange Zeit existierte neben der BienenAG die GartenAG an unserer Schule. Im September 2023 wurden diese beiden Arbeitsgemeinschaften zusammengelegt, da die Gestaltung des Schulgartens für die eigene Imkerei enorm wichtig ist.

Neben der Bienenhaltung standen nun neue Themen wie z.B. das Erproben eigenständiger Bewässerungssysteme für die Blumen und Gemüsebeete und der sinnvolle Umgang mit Wasser im Raum.

**Bild 20: Bewässerung der Streuobstwiese durch Wassersäcke,
Foto: Frank Lehmann.**

Darüber hinaus wollten sich die Schüler nicht mehr nur um die Bienenhaltung kümmern, sondern den Schulgarten durch Bau von Insektenhotels, Fledermausnisthilfen und „begehbaren" Hummelburgen insektenfreundlicher und somit naturnaher gestalten.

Bild 21: Schüler der 9. Klasse beim Fertigstellen des Insektenhotels aus Paletten, Foto: Frank Lehmann.

Neben den schulinternen Aktivitäten haben wir im Schuljahr 2023/2024 unsere Fühler auch ins europäische Ausland ausgestreckt und einen Schulimkeraustausch mit einem französischen Collège gestartet. Via Internet lernten sich die Schüler zu Beginn persönlich kennen und man stellte sich gegenseitig die Besonderheiten der eigenen Region vor. Bei den gegenseitigen Besuchen (der eigentliche Austausch hat bei Redaktionsschluss am 15. Juni 2024 noch nicht stattgefunden) werden die Schüler vor Ort an Umweltprojekten arbeiten.

6.7.9 Fazit: Probleme, Schwierigkeiten und Tipps

Ähnlich wie von Frau Neumann in den ersten Kapiteln dieses Buchs festgestellt muss man, wie auch meine Person zeigt, noch kein Imker sein, man sollte allerdings aus meiner Sicht folgende Tipps bei der Gründung einer Schulimkerei berücksichtigen:

1. Wenn man selbst noch kein Imker ist, sollte man Mitglied in einem Imkerverein werden und einen Imker als persönlichen „Paten" gewinnen. Bei Fragen oder Problemen erhält man hier schnell Lösungen und die Bienen sind durch den Verein meist auch versichert.
2. Man sollte zu Beginn mehrere Imker im Verein besuchen und sich die unterschiedlichen Beutensysteme anschauen. Denn hat man sich auf ein System festgelegt, so ist es schwierig, zu einem anderen Beutensystem zu wechseln.
3. Die meisten Imkervereine treffen sich regelmäßig im Sommer, hier erfährt man schnell und unkompliziert, welche Arbeiten gerade am Bienenstock nötig sind.
4. Stellt eure BienenAG auf ein breites Fundament. Stellt die Projektidee nicht nur der Schulleitung, sondern allen Gremien der Schule vor. Das Landratsamt konnte uns zu Beginn zwar nicht finanziell unterstützen, allerdings helfen sie uns gegen ein Glas Honig bei allen kleineren Arbeiten. Beziht auch angrenzende Nachbarn mit ein, vielen wird dadurch bewusst, dass wieder Bienen in ihren Gär-

ten fliegen und sie werden schnell in ihrem Garten bienenfreundliche Blumen pflanzen. Auch der Elternbeirat und der Förderverein der Schule sollten einbezogen werden, da dort für kleinere Anschaffungen stets Geld vorhanden ist.
5. Sollte an der Schule nur Platz für zwei Völker sein, so sucht euch ein Grundstück, auf dem weitere Völker stehen können, dies hilft auch bei der Ablegerbildung.
6. Wendet euch an diverse Banken vor Ort für eine Bezuschussung. Gerade in Zeiten von „Fridays for Future" sind die meisten Banken relativ großzügig, wenn ein kleiner Artikel über die Spendenübergabe in der Zeitung steht.
7. Schafft euch zu Beginn nur das Nötigste für die BienenAG an, ihr werdet schnell feststellen, welche Investitionen wirklich sinnvoll sind.
8. Versucht, euch mit anderen Schulimkereien zu vernetzen. Zum einen gibt es im Internet eine Bandbreite von staatlichen und privaten Fördermitteln, die man als Einzelperson kaum überblicken kann, zum anderen kann man sich über Erfahrungen mit den Bienen und Schülern schnell austauschen.
9. Wie man Schüler für diese Projektidee gewinnt oder motiviert, kann ich selber nicht genau erklären. Meines Erachtens ist es wichtig, den Schülern zu zeigen, dass das Imkern für einen selbst einen großen Stellenwert hat.
10. „Schüler dort abholen, wo sie stehen..." – wie ich diesen Satz am Ende meines Studiums gehasst habe, doch er macht Sinn. Zum einen kann man hier auf Vorwissen wirklich gut zurückgreifen, zum anderen werdet ihr feststellen, dass jedes Jahr einige Eltern ihr Kind gerade für diese AG anmelden, da sie denken, dass ihr Kind neben Klavierunterricht und „Ponyreiten" auch was „ökologisch Sinnvolles" unternehmen sollte. Diese Kinder sind zu Beginn kaum bereit, bei der Arbeit an den Beuten mitzuhelfen, doch irgendwann überwiegt die kindliche Neugier und auch sie werden geschützt

durch einen Stichanzug einen Blick in den Kasten riskieren.
11. Seid immer in Bewegung und öffnet eure BienenAG für andere Themen, gerade die Zusammenarbeit mit einer UmweltAG an der Schule ist vorteilhaft, da man als Leiter der BienenAG ziemlich schnell einen Kollegen an der Seite hat, der bei vielen Ideen mitdenkt und diese auch mitträgt.
12. Kauft unbedingt für den Termin des ersten Schleuderns Butter und Schwarzbrot. Gerade bei einer Brotzeit mit Honigbrot lernen Schüler nach vollbrachter Arbeit, wie sinnvoll bzw. wichtig Bienen sind.

Bild 22: Bau des Rahmens für eine Bienenbeute, Foto: Frank Lehmann.

6.8 Ein Wahlkurs „Gymkerei"

von Amancay Greulich

Die Geschichte, wie unser Gymnasium zu einer Imkerei wurde, also wie unsere Gymkerei entstand, beginnt genauso, wie es sich jeder Lehrer immer wünscht: Durch einen engagierten Schüler.

An unserer Schule wurde bereits in den 90er Jahren das Konzept verfolgt, die betongepflasterten Schulhöfe naturnah umzugestalten. So entstanden über die Jahre hinweg verschiedene themengestaltete Rückzugsorte für Natur und Schüler.

Startschuss zu unserer Gymkerei bot ein Projekt-Seminar zur Studien- und Berufsorientierung, welches Teil der gymnasialen Oberstufe in Bayern ist (kurz: P-Seminar). Hier bauten die Schüler für diese unterschiedlich gestalteten Schulhöfe/Schulgärten Stationen auf, an denen die Flora und Fauna spielerisch nähergebracht werden können.

Einer der teilnehmenden Schüler kam im Rahmen des P-Seminars auf die Idee, dass die Flora der Schulgärten vor allem dadurch geschützt werden könnte, wenn man an der Schule einen Bienenstock aufstellte. Mit großem Eifer machte er sich schlau, ob die rechtlichen Grundlagen zum Halten von Bienen gegeben waren. Als er dies geklärt hatte, stand die wohl schwierigste Aufgabe vor dem Schüler, die darin bestand, einen Partner im Lehrerzimmer zu finden, der sich dieser Aufgabe nicht nur während des P-Seminars, sondern auch in Zukunft widmen mochte.

Ab da komme ich ins Spiel. Mein Name ist Amancay Greulich und ich bin an meiner Schule die Fachschaftsleiterin für Biologie.

Manchmal kommen eben Dinge zusammen, die einfach zusammenpassen. Als der engagierte Schüler auf mich zutrat und fragte, ob es vielleicht die Möglichkeit gäbe, einen Bienenstock an die Schule zu holen, traf er bei mir direkt ins Schwarze.

Schon seit Jahren überlegte ich, mir im privaten Bereich einen Bienenstock zuzulegen. Die Faszination für Insekten und insbesondere für die Honigbiene wurde bei mir bereits im Studium geweckt. Jedoch musste ich meinen Wunsch nach einem eigenen Bienenstock aufgrund ungeeigneter Wohnverhältnisse immer wieder verwerfen. Natürlich setzte ich alle Hebel in Bewegung, damit das Vorhaben des Schülers in Erfüllung gehen konnte.

> **❗ Wichtig!**
>
> **Tipp 1:** Beginnen Sie ein solches Projekt nur dann, wenn Sie selbst ein großes persönliches Interesse an Bienen und deren Haltung haben.
> Bei allem was kommt, hilft Ihnen diese Grundfreude, so dass Ihr Projekt für alle Beteiligten (inklusive der Bienen) zum Erfolg wird.

> **❗ Wichtig!**
>
> **Tipp 2:** Solch ein Vorhaben umzusetzen ist „leichter als gedacht". Also machen Sie es!

Als nun geklärt war, dass auch für die Zukunft ein Verantwortlicher für dieses Projekt an der Schule verbleibt, konnte der Schüler mit der weiteren Planung fortfahren. Er organisierte ein Treffen mit einem Vertreter der Bayerischen Landesanstalt für Weinbau und Gartenbau, um einen geeigneten Standplatz für die Bienenvölker auf dem Schulgelände zu finden.

Hierbei wird sowohl auf das Wohlergeben der Bienen (Schatten um die Mittagszeit, Ausrichtung Flugloch usw.) als auch der auf einem Schulgelände zahlreich vorkommenden Personen (Abstandsflächen, Zugänglichkeit usw.) geachtet. Bei uns wurde der perfekte Platz am Rande des Sportplatzes gefunden, laut Fachmann können wir bis zu 6 Bienenvölker in diesem Areal halten.

🛈 Wichtig!

Tipp 3: Unbedingt mit einem Fachmann eine Schulbegehung durchführen. Der Standort sollte vor allem für die Bienen gewählt werden. Bitte stellen Sie diese nicht einfach auf das sonnige, windige Schuldach.

Um die Störungen im laufenden Schulbetrieb gering zu halten, sollte der Standort entweder unzugänglich für Unbefugte sein oder die Abstandsflächen sollten deutlich durch Schilder gekennzeichnet werden.

Bild 23: Der Bienen-Standort neben dem Sportplatz. Foto: Amancay Greulich.

Nun war also alles klar:

- wir hatten einen idealen Standort,
- für die Dauerhaftigkeit der Betreuung war gesorgt und
- rechtlich gibt es keinen Hinderungsgrund für einen Bienenstock an Schulen.

Das letzte Hindernis waren die entscheidenden Instanzen: Schulleitung, Sachaufwandsträger und Stadt (da der gewählte Standort am Sportplatz städtisches Gelände ist).

Das, was zunächst als größtes Hindernis empfunden wurde, war das geringste Problem. Alle Instanzen waren von unserem Vorhaben begeistert und wollten uns uneingeschränkt unterstützen.

Nachdem nun alle Genehmigungen eingeholt wurden, konnten die eigentlichen Vorbereitungen beginnen.

Ich stellte zunächst sicher, dass das Vorhaben eine dauerhafte Verankerung im Angebot der Schule erhielt und beantragte einen Wahlkurs „Imkerei". Dies bringt gleich zwei Vorteile mit sich:

- Eine Anrechnungsstunde für den eigenen Aufwand und
- die Möglichkeit finanzieller Unterstützung vom Bayerischen Staatsministerium für Ernährung, Landwirtschaft und Forsten („Imkern an Schulen" siehe Abschnitt 4.4, Seite 62) zu bekommen.

Das einzige Problem besteht darin, dass eine Beantragung erst zum Schuljahr erfolgen kann, in dem der Wahlkurs stattfindet, und eine Auszahlung der Gelder erst im Folgejahr erfolgt. Dies bedeutet konkret, dass das erste Wahlkursjahr noch ohne finanzielle Unterstützung auskommen muss.

❗ Wichtig!

Tipp 4: Die Beantragung der Förderung „Imkern an Schulen" für das folgende Schuljahr ist nur bis zum 30.06 möglich. Also rechtzeitig beantragen, auch wenn noch nicht sichergestellt ist, ob der Wahlkurs zustande kommt. Fördermittel können dann im Schuljahr, in dem der Wahlkurs läuft, beantragt werden. Beide Anträge müssen jedes Jahr erneut gestellt werden, wenn man die Förderung weiterhin bekommen möchte.

Ich stand nun ganz konkret vor der Frage: „Wie möchte ich den Wahlkurs gestalten?".

Zunächst einmal wurde mir schnell bewusst, dass ich trotz meines Studiums und all dem Wissen über Bienenanatomie und Lebensweise keine Ahnung hatte, was ein Imker eigentlich so alles macht.

Mein erster Schritt war, diese Wissenslücke zu schließen, und dies nicht nur über das Studium diverser Literatur. Ich meldete mich beim örtlichen Imkerverein, um die Imkerei hautnah erleben zu können.

Hier wurde ich gleich ins Programm „Imkern auf Probe" aufgenommen und konnte so mit einem erfahrenen Imker zusammen einen Bienenstock betreuen. Über den Verein bekam ich zudem die Möglichkeit, an diversen Fortbildungen teilzunehmen. So konnte ich schnell einen guten Einblick in die Arbeitsweisen der Imkerei bekommen.

Für mich war schnell klar, diese Unterstützung kann ich auch in Zukunft gut gebrauchen. Daher bin ich in den Verein eingetreten.

❗ Wichtig!
Tipp 5: Hilfe vom örtlichen Imkerverein annehmen.
Die Mitglieder freuen sich immer, neuen Menschen die Faszination des Imkerns beizubringen.
Zudem bekommt man hier praktische Tipps aus erster Hand und kann unter Begleitung das Imkerhandwerk erlernen.
Das Besuchen irgendeines „Honigkurses" macht einen noch nicht zum Imker.
Praktisches Extra: Durch den Beitritt zu einem Imkerverein erhält man eine Haftpflichtversicherung für die eigenen Bienenstöcke.

Mit all dem neu erworbenen Wissen ging es nun in die Finalisierung der Vorbereitungsphase.

Mittlerweile wusste ich, dass der Wahlkurs zustande kommt und dass sich überaschenderweise über 30 Schülerinnen und Schüler dafür angemeldet hatten, obwohl weder sie noch ich so genau wussten, was da auf uns zukommen würde.

Da wir im Grunde noch nichts hatten, beschloss ich, den ersten Wahlkurs auf 15 Teilnehmer zu begrenzen. Wir starteten also im September mit 16 Leuten und weiter nichts. Hatte ich zu Beginn noch gedacht, die Bürokratie würde uns die meisten Steine in den Weg legen, so merkte ich schnell: die eigentliche Schwierigkeit zu Beginn ist der finanzielle Aspekt.

> **❗ Wichtig!**
>
> **Tipp 6:** Vor Beginn des Projektes unbedingt die Finanzierung klären. Anlaufstelle Schulleitung, Elterninitiative/Förderkreis oder Spenden. Ein Minimum von 300 € sollte erreicht werden.

Wir hatten das Glück, eine Geldspende von 300 € durch ein ortsansässiges Unternehmen als Spende zu erhalten. Dies ermöglichte uns den Start in unsere Imkerei.

Wir konnten grundlegende Materialien einkaufen und während der Wintersaison mit den Winterarbeiten starten. Die Rähmchen wurden geschliffen und mit Mittelwänden eingelötet. Eine neu gekaufte Beute wurde gestrichen und natürlich wollten wir für unser erstes Bienenvolk den Standplatz vorbereiten. Dafür schickte ich meinen Wahlkurs los und ließ am Standort Frühblüher und Sträucher anpflanzen. Zusätzlich durften sie handwerklich tätig werden und die Unterkonstruktion für unsere Bienenbeute zimmern.

> **❗ Wichtig!**
>
> **Tipp 7:** Lassen sie ihre Schülerinnen und Schüler so viel wie möglich selbst machen. Rückmeldungen bestätigten mir, dass sie es vor allem schätzen, mal selbst mit Werkzeugen handwerklich arbeiten zu können. Gerade am Gymnasium kommt dies bei all der Kopfarbeit leider oft zu kurz.

162 | Der Wirtschaftsfaktor Bienen – ein Praxisprojekt

🛈 **Wichtig!**

Tipp 8: Vieles lässt sich selbst basteln und muss nicht gekauft werden, und so mancher Garagenschatz der Schülerinnen und Schüler wird mit großer Freude gestiftet.

🛈 **Wichtig!**

Tipp 9: Bei der Wahl der Beute sollten Sie sich am gängigen Format in der Region orientieren. So können sie Komponenten der ortsansässigen Imker verwenden und gegebenenfalls deren Ableger bekommen. Für den Umgang mit den Schülern haben sich bei mir die Zadant-Beuten bewährt (siehe Abbildung 24). Der große Brutraum reicht aus und die kleinen Honigräume sind für Kinder und Jugendliche besonders einfach zu handhaben.

Bild 24: Zadant-Beute auf Unterkonstruktion, Smoker und Stockmeißel, Foto: Amancay Greulich.

Die Projektdurchführung und -ausstrahlung | 163

Das anfängliche Gefühl „wir packen alle gemeinsam an und jeder hilft mit" ließ die Schülerinnen und Schüler zur Hochform auffahren.

Wohlgemerkt, der Wahlkurs Imkerei hatte bis zu diesem Zeitpunkt noch keine Bienen. Dennoch waren alle mit Feuereifer dabei. Mit Freude bekam ich dann die Nachricht von meinem Verein, dass ich das von mir betreute Volk im kommenden Frühjahr umsiedeln und an den Standort der Schule holen durfte.

Die Freude im Wahlkurs war groß, endlich würden unsere Bienen kommen. Leider kamen dann nicht nur die Bienen, sondern auch der erste große Lockdown, und die Umsiedlung musste schweren Herzens ohne den Wahlkurs stattfinden.

Die Zeit zuhause nutzten die Schüler aber zur Entwicklung und Gestaltung unserer Marke „Gymkerei". Sowohl der Name als auch unser Logo wurden gemeinschaftlich gestaltet.

Bild 25: Das erste Glas Honig aus unserer Gymkerei, Foto: Amancay Greulich.

Zudem nutzten wir die Zeit, um einen Newsletter für unsere Gymkerei zu entwickeln. Sobald die Schule wieder regulär geöffnet wäre, sollte monatlich im Schaukasten dargestellt werden, was zurzeit im Bienenstock los ist und welche Arbeiten von unseren fleißigen Imkern aktuell durchgeführt werden.

> **❗ Wichtig!**
> **Tipp 10:** Machen Sie sich im Schulgebäude (und darüber hinaus) sichtbar. Gestalten Sie einen Schaukasten oder eine wechselnde Ausstellung, um alle darüber auf dem Laufenden zu halten, was da an den Bienenstöcken passiert.
> Regionale Zeitungen sind ein guter Weg, für Ihr Projekt Werbung zu betreiben.

QR-Code 32: Panzer B (2020) Ein Bienenvolk für die Gymkerei, in: Fränkischer Tag vom 23.03.2020. Verfügbar via inFranken.de. https://www.infranken.de/regional/erlangenhoechstadt/ein-bienenvolk-fuer-die-gymkerei;art215,4982623. Zugriff: 22.07.2024.

Mittlerweile haben wir das zweite Wahlkurs-Jahr hinter uns. Die meiste Zeit davon leider ohne Schülerpräsenz, so fielen die meisten Arbeiten auf mich zurück. Gerade hier haben mir die Faszination für die Tiere und die Imkerei geholfen, mit viel Freude die Bienenstöcke weiter zu pflegen.

Die kurze Zeit in Präsenz nutzten wir dazu, weitere Bienenbeuten und Unterkonstruktionen aufzubauen.

Nach einer erfolgreichen Teilnahme an einem Wettbewerb einer lokalen Bank und dem Gewinn von 2000 € konnten wir endlich alle Anschaffungen tätigen, die für eine reibungslose Arbeit in einer Imkerei notwendig sind.

Konnten wir zum ersten Honigschleudern noch das Equipment des Imkervereins leihen, haben wir nun die Möglichkeit, dies mit unseren eigenen Geräten durchzuführen.

Mittlerweile ist unsere Gymkerei auf drei Bienenstöcke angewachsen, wir konnten bereits zweimal Honig schleudern und die Präsenz in der Wahrnehmung an unserer Schule nimmt immer weiter zu.

Schulklassen besuchen im Unterricht die Bienen, der Förderkreis hat uns hierfür einen Klassensatz Schutzanzüge beschafft.

Wir haben noch viel vor in den nächsten Jahren.

❗ **Wichtig!**

Tipp 11: Unbedingt bei diversen Wettbewerben um Fördergelder mitmachen. So können notwenige Materialien angeschafft und die Imkerei vergrößert werden.

Die Völkerzahl werden wir auf vier begrenzen, so können wir mit je fünf Teilnehmern pro Volk perfekt auch über die Ferientage arbeiten.

Andere Fachschaften haben schon Interesse bekundet, die Völker selbst für Projekte nutzen zu können (digitale Messwerterfassung, Vermarktung usw.) Die Möglichkeiten sind vielfältig und ich habe richtig Freude daran zu sehen, wie sehr unsere kleinen Bienen die Kreativität der Menschen anregen.

❗ **Wichtig!**

Tipp 12: Andere Fachschaften mit ins Boot nehmen. Die „Anwendungsmöglichkeiten" der Bienenstöcke sind vielfältig. Idealerweise kann ein Bienenschaukasten für Unterrichtsbesuche aufgestellt werden.

> **Wichtig!**
> **Tipp 13:** Honigschleudern und Verkauf am Schulfest organisieren. So bekommt man die höchstmögliche Aufmerksamkeit. Zudem ist der Ausverkauf des Honigs so bestimmt gesichert.

> **Wichtig!**
> **Tipp 14:** Die Ferienlücke kann ohne Probleme vom Wahlkurs übernommen werden. Die Schülerinnen und Schüler teilen sich selbst für wöchentliche Kontrollgänge ein.

> **Wichtig!**
> **Tipp 15:** Der betreuungsintensive Sommermonat August kann durch Einsatz von Futterteig anstatt von Futtersirup und der Varroabehandlung über Nassenheider-Verdunster entzerrt werden.

> **Wichtig!**
> Abschlussrat: Ein Bienenstock an der Schule ist kein einmaliges Projekt wie zum Beispiel das Aufstellen eines Insektenhotels. Es ist eine Initiative, die Sie und ihre Schule viele Jahre begleiten und begeistern wird. Wenn Sie also etwas Langfristiges suchen, dann

MACHEN SIE ES.

Es wird sich bei allen Problemen, Hindernissen und Mühen mehrfach auszahlen. Das Arbeiten mit den Bienen und das Kennenlernen ihrer Schülerinnen und Schüler von einer ganz anderen Seite sind einmalig und bereichern Sie und die Schulgemeinschaft.

6.9 Schulimkerei – Bees4Gymeck

von Vanessa Lang

Die Schulimkerei wurde bereits vor meiner Zeit am Gymnasium Eckental (Gymeck) aus einer Schüleridee heraus geboren. Die Schülerinnen und Schüler wollten ein Projekt zum Thema Nachhaltigkeit starten und kamen dabei schnell auf die Idee, Bienen an der Schule halten zu wollen. In Eigeninitiative wurde zunächst ein Arbeitskreis gegründet, der aus einer großen Zahl engagierter Schülerinnen und Schüler bestand. Die Schulleitung war schnell überzeugt und unterstützte das Vorhaben tatkräftig; nur eine Lehrkraft, die das Projekt leitete, fehlte noch.

Die Schülerinnen und Schüler waren sehr motiviert und knüpften fleißig Kontakte zum örtlichen Imkerverein sowie zum Kreisverband der Imker des Landkreises Erlangen-Höchstadt. Auch zwei Beuten wurden bereits bestellt, zusammengebaut und gestrichen. Diese belagerten seitdem jedoch den Werkraum, da es an diesem Punkt nicht mehr ohne eine verantwortliche Lehrkraft weiterging. Nach mehreren Versuchen über die Angliederung an andere, bereits bestehende Wahlkurse und Arbeitsgruppen wurde schnell klar, dass die anstehenden Aufgaben nur über einen eigenen Wahlkurs bewältigt werden können. An dieser Stelle kam ich ins Spiel. Mein Name ist Vanessa Lang und ich unterrichte seit September 2022 Chemie, Geographie und Informatik am Gymnasium Eckental. Als ich an die Schule kam, wurde ich gefragt, ob ich Lust hätte, die Schulimkerei zu leiten und war sofort begeistert von dem Projekt.

> **Wichtig!**
> **Tipp 1:** Eine motivierte Schülergruppe und eine überzeugte Schulleitung sind das A und O eines solch großen Projektes. Nehmt euch die Zeit und sammelt Mitstreiter.

Zunächst war es der berühmte Sprung ins kalte Wasser. Ich hatte zwar schon von Imkereien an Schulen gehört, hatte aber bis dahin noch keinerlei Erfahrungen mit Bienen oder der Imkerei gemacht. Die größte Herausforderung zu Beginn war, die verschiedenen, durch die Schüler bereits geknüpften Kontakte und zusammengetragenen Informationen zu bündeln und zu sortieren. Nach zahllosen Telefonaten hatte ich eine grobe Idee vom Projekt und den Arbeiten, die als nächstes anstehen würden.

Dazu gehörte unter anderem, alle nötigen Anträge zu stellen, um Bienen überhaupt halten zu dürfen. Bei der Beantragung der Betriebsnummer stellte sich zunächst die Frage, wer eigentlich in das Formular eingetragen werden sollte und damit formal auch den Antrag stellt. Normalerweise stellt ein Imker den Antrag, um selbst Bienen zu halten. Nun wollte aber nicht ich persönlich die Bienen halten, sondern die Schule, die wiederum keine natürliche Person ist. Noch dazu liegt die Schule in einem anderen Landkreis als mein Wohnort, was wiederum verschiedene Zuständigkeiten zur Folge gehabt hätte, wenn ich den Antrag in meinen Namen gestellt hätte. Zum Glück erwies sich das zuständige Amt für Ernährung, Landwirtschaft und Forsten (die Adresse des lokal zuständigen Amtes findet man unter www.stmelf.bayern.de/aemter) als sehr hilfsbereit, sodass wir schließlich doch die Schule als Antragstellerin eintragen und mich als Ansprechpartnerin angeben konnten. Mit der Betriebsnummer, die wir einige Wochen später erhielten, konnten wir schließlich auch einen Zuschuss für den Wahlkurs Schulimkerei im Folgejahr beantragen. Ebenso konnte damit die Anmeldung beim Imkerverein Eckental-Heroldsberg durchgeführt werden. Als letzte Bürokratiehürde mussten die Bienen nach dem Einzug noch beim örtlichen Veterinäramt angemeldet werden.

❗ **Wichtig!**

Tipp 2: Nehmt telefonischen Kontakt mit den zuständigen Behörden auf, um Fragen zu klären. Das spart unglaublich viel Zeit und Nerven.

Neben dem ganzen Papierkram wollten die Schülerinnen und Schüler natürlich mit Informationen zum aktuellen Stand versorgt werden. Daher fanden auch regelmäßige Treffen des Arbeitskreises „Bienen" statt, bei denen die Mitglieder sich mit kleinen Referaten schon mal gegenseitig und unter meiner Anleitung das nötige Wissen über Bienen und deren Haltung beibrachten. Wir mussten uns überlegen, mit wie vielen Völkern wir starten wollten und ob wir mit ganzen oder halben Völkern anfingen. Der Vorteil eines ganzen Volkes ist, dass man direkt im ersten Jahr Honig produzieren kann, da die Bienen weniger Energie in den Ausbau des Stockes und die Aufzucht von neuen Bienen stecken müssen. Allerdings besteht auch gleich im ersten Jahr die Gefahr, dass das Volk schwärmt, sich also teilt und die Hälfte des Volkes aus dem Bienenstock ausfliegt, um sich ein neues Zuhause zu suchen. Daher entschieden wir uns, mit zwei halben Völkern zu starten, um erstmal ausreichend Gelegenheit zu haben, in das Imkereihandwerk hineinzuwachsen. Auch ein Name und ein Logo mussten gefunden werden. Nach einigen Vorschlägen und Abstimmungen wurde es „Bees4Gymeck" mit einem selbst gestalteten Logo, welches an unser offizielles Schullogo angelehnt ist. Nun waren wir fast startklar.

❗ Wichtig!

Tipp 3: Nehmt die Schülerinnen und Schüler mit ins Boot, teilt Informationen, diskutiert gemeinsam und entscheidet als Gruppe. So lassen sich die Motivation in der langen Anlaufphase aufrechterhalten und die Vorfreude steigern.

Bild 26: Das Logo der Schulimkerei Eckental, Design: Samuel May.

Bevor die Bienen einziehen konnten, musste noch ein geeigneter Standort für die Beuten gefunden werden. Wichtig für den Standort ist eine optimale Ausrichtung nach Süden, um die Einfluglöcher und die Bienen möglichst vor Wind und Wetter zu schützen. Außerdem musste ein Standort gefunden werden, der nicht im direkten Nutzungsbereich des Pausenhofs liegt, damit Schüler und Bienen voreinander geschützt sind. Die Beuten stehen daher auf der Rückseite des Schulgebäudes auf einem Grünstreifen, der an mehrere Wiesen und Felder angrenzt. Außerdem wurde auf dem Grünstreifen im Vorjahr bereits eine Blühwiese angelegt, um die Artenvielfalt zu fördern und Bienen und Insekten Nahrung zu bieten. Zudem ist er durch ein Tor vom Pausenhof abgetrennt, sodass sich keine Schüler aus Versehen zu den Beuten verirren können. Optimale Bedingungen also für unsere Bienen.

Wichtig waren auch kurze Wege, da ein Honigraum auch schon mal 20kg wiegen kann und der Transport somit nicht unnötig durch lange Transportwege erschwert werden sollte. Bei uns muss man nur einige Meter um das Schulgebäude herumgehen und kann dann durch einen Nebeneingang direkt zum entsprechenden Arbeitsraum gelangen.

🛈 Wichtig!

Tipp 4: Nehmt euch Zeit bei der Standortwahl, sprecht mit dem Kollegium, der Schulleitung und den Schülern. Fragt auch beim Imkerverein nach, ob sich jemand den ausgewählten Standort vorab anschauen kann, da eine Umsiedlung im näheren Umkreis kaum möglich ist.

Bild 27: Standort der Beuten hinter dem Schulhaus, Foto: Martin Stradtner.

Die Suche nach einem geeigneten Raum für die anstehenden Arbeiten gestaltete sich dankenswerter Weise unkompliziert. Zum Glück gibt es einen bisher kaum genutzten Raum am Ende des Chemie-/Biologie-Traktes, der zu klein für eine ganze Klasse ist und daher nur sporadisch für besondere Aktivitäten genutzt wird. Hier sollte nun also unser Hauptquartier entstehen. Für die Ausrüstung muss man auf jeden Fall genug Platz einplanen, da Beuten, Rähmchen, Honigräume, Transportkisten, Futter, Schutzkleidung, Mittelwände und Ausrüstung zur Varroabehandlung einiges an Raum einnehmen. Dazu kommen noch Geräte wie die Honigschleuder, Abfüllkübel, Entdeckelungsgeschirr und

Dampfwachsschmelze, falls man diese direkt an der Schule anschaffen kann und möchte, um nicht auf entsprechende Ausrüstung des Imkervereins angewiesen zu sein.

> **❗ Wichtig!**
> **Tipp 5:** Die gesamte Ausrüstung benötigt viel Platz zum Lagern. Plant von vornherein mit ein, wo die Gegenstände gut zugänglich stehen können.

In einem letzten Treffen vor dem Einzug der Bienen wurde unser neuer Arbeitsraum eingeweiht. Die Schüler haben dabei die Mittelwände der Rähmchen eingelötet, die es den Bienen erleichtern ihre Waben anzulegen. Dabei werden fertige Wachsplatten in die Rähmchen eingeschmolzen, was großes Fingerspitzengefühl erfordert. Dankenswerterweise hatten wir fachmännische Unterstützung vom Imkerverein. So kurz vor der Zielgeraden wollten wir nichts mehr falsch machen.

Währenddessen startete ich meine zweijährige Ausbildung im örtlichen Imkerverein. Diese ist zwar sehr zeitaufwändig, lohnt sich aber in jedem Fall, da durch die Theorie- und Praxiseinheiten das nötige Wissen vermittelt wird, um die Bienen auch gut und artgerecht zu halten. Man sollte sich dabei immer wieder bewusst machen, dass man mit einer Schulimkerei Verantwortung für mehrere tausend Lebewesen übernimmt und der verantwortungsvolle Umgang mit Bienen deutlich mehr Wissen benötigt als man vermutet. Die Vorstellung „Ich stell mir mal eben zwei Bienenvölker in den Garten und schau mal was passiert. Die Bienen werden es schon richten" wird sich sehr schnell als falsch herausstellen. Nach den ersten Erfahrungen mit der Schulimkerei kann ich sagen, dass es deutlich mehr Arbeit ist, als ich zunächst angenommen hatte und dass man den Aufwand auf keinen Fall unterschätzen darf. Ebenso ist das Projekt nicht nach ein, zwei Jahren abgeschlossen, sondern es bedarf einer langjährigen Pflege und Aufmerksamkeit, aber genau das ist ja auch das Schöne daran, man wächst mit den Bienen und den anstehenden Aufgaben oder Problemen.

> ⚠ **Wichtig!**
>
> **Tipp 6:** Macht eine Ausbildung zum Imker und tretet dem örtlichen Imkerverein bei. Neben einer Haftpflichtversicherung für die Bienen bekommt ihr dort auch jede Menge Expertise und Hilfe.

Auch die Vorbehalte und Sorgen im Kollegium sollte man nicht unterschätzen. Ich wurde oft sorgenvoll gefragt, ob die Bienen dann nicht in die Klassenzimmer oder sogar ins Lehrerzimmer fliegen und die Schüler und Kollegen stechen könnten. Durch das bereits im Imkerkurs vermittelte Wissen konnte ich zum Glück alle Sorgen ausräumen, habe aber gemerkt, dass es sehr wichtig ist, immer als Ansprechpartner zur Verfügung zu stehen und die Ängste ernst zu nehmen. Als die Bienen schließlich da waren, bekam ich meist nur noch freudige Kommentare wie „wir haben heute im Unterricht die Bienen beobachtet".

> ⚠ **Wichtig!**
>
> **Tipp 7:** Habt ein offenes Ohr und sprecht mit den Kollegen über das Projekt. Nehmt auch gerne interessierte Kollegen mit zu den Bienenstöcken, wenn sie da sind. Das schafft Akzeptanz für die neuen Mitbewohner.

Ein Sicherheitskonzept musste dennoch erstellt werden, da mit der Bienenhaltung auch einige Risiken einhergehen. Es muss sichergestellt werden, dass keine unbeteiligten Schüler von Bienen gestochen werden. Daher gelten besondere Anforderungen an den Standort. Außerdem gibt es Vorgaben der Richtlinien zur Sicherheit im Unterricht (RISU) hinsichtlich der Gruppengröße und der Bereitstellung von Schutzkleidung. Beispielsweise darf lediglich eine Gruppe mit maximal 8-10 Schülern gleichzeitig an den Bienenstöcken arbeiten. Außerdem muss den Teilnehmern am Wahlkurs angemessene Schutzkleidung zur Verfügung gestellt werden, d.h. es müssen Schutzjacken und Handschuhe in verschiedenen Größen angeschafft werden. Ich habe außerdem ein Elternschreiben verfasst, in dem die Eltern über mögliche Risiken informiert werden und per Unterschrift versichern, dass ihre Kinder am Wahlkurs teilnehmen dürfen und nicht gegen Bienengift allergisch sind.

> **! Wichtig!**
> **Tipp 8:** Es gibt an jeder Schule einen Sicherheitsbeauftragten, der euch bei der Formulierung des Sicherheitskonzeptes unterstützen kann.

In den Pfingstferien war der große Tag dann endlich gekommen: die Bienen ziehen ein! Für die Schülerinnen und Schüler des Arbeitskreises ein großer Tag. Endlich tragen die jahrelangen Vorarbeiten Früchte. Der Zeitpunkt in den Ferien war dabei Fluch und Segen zugleich. Einerseits herrschte kein normaler Schulbetrieb und die Bienen konnten somit in Ruhe in ihre Beuten einquartiert werden. Andererseits waren leider auch viele Schüler des AK im Urlaub und konnten deshalb nicht dabei sein. Diese Schüler wurden über das gemeinsame Kommunikationstool mit Bildern vom Einzug versorgt. Auch in der Lokalpresse wurde über den Einzug der Bienen berichtet.

QR-Code 33: Johnston S (2023) Das Eckentaler Gymnasium produziert nun leckeren Honig, in: Nürnberger Nachrichten vom 11.06.2023. Verfügbar via Nürnberger Nachrichten. https://www.nn.de/erlangen/das-eckentaler-gymnasium-produziert-nun-leckeren-honig-1.13300788. Zugriff: 23.07.2024.

Bild 28: Der Einzug der Bienenvölker, Foto: Martin Stradtner.

Bis zu den Sommerferien konnten die Mitglieder des Arbeitskreises nun schon erste Erfahrungen mit den Bienen sammeln und lernten, wie eine Durchsicht funktioniert, wann man Honigräume aufsetzt und wieder abnimmt, wann man füttern und wann man gegen Krankheiten oder Schädlinge behandeln muss. Sogar ein kleines bisschen Honig haben unsere Bienen bereits produziert. Allerdings noch nicht genug, um diesen am Sommerfest zu verkaufen. Dort konnten wir Honig von einem Kollegen aus dem Imkerverein verkaufen, unser Infostand wurde jedoch sehr interessiert aufgesucht und wir bekamen viele Komplimente für das Projekt. Wir nutzten natürlich auch die Chance, um Spenden zu sammeln und gestalteten dafür extra einen Flyer. Außerdem durften die Besucher unseres Standes Namensvorschläge für unsere beiden Bienenköniginnen abgeben. Am Ende wurden es Victoria I und Elisabeth I.

Das Interesse beim Sommerfest spiegelte sich auch in den Anmeldungen für den eingerichteten Wahlkurs im Folgejahr wider. Dieser findet bei uns ab sofort immer im zweiten Halbjahr doppelstündig statt, sodass genug Zeit für alle anstehenden Arbeiten zur Verfügung steht. Dabei sollte man sich bewusst sein, dass die Restarbeiten im ersten Halbjahr entweder selbst oder mit sporadischen Treffen des Wahlkurses erledigt werden müssen. Bis zur Einwinterung ist nach den Sommerferien aber nicht mehr allzu viel zu erledigen und meistens finden sich interessierte Schüler, die helfen wollen.

176 | Der Wirtschaftsfaktor Bienen – ein Praxisprojekt

🛈 Wichtig!
Tipp 9: Wenn man nur eine Schulstunde für den Wahlkurs zur Verfügung hat, bietet es sich an, den Kurs doppelstündig im Sommerhalbjahr abzuhalten. Im Winter stehen weniger Aufgaben an und im Sommer ist eine Schulstunde meist nicht ausreichend, um alle Arbeiten zu erledigen.

Bild 29: Die Bienen bei der Honigproduktion (links) und Vanessa Lang mit einer ausgebauten Wabe (rechts), Fotos: Samuel May.

Nachdem die Bienen nun eingezogen sind und alles soweit läuft, kann ich sagen, dass es zwei Kontakte gibt, die ich für die Einrichtung einer Schulimkerei für unerlässlich halte: den örtlichen Imkerverein und den Förderverein der Schule.

Der Imkerverein Eckental-Heroldsberg hatte im vorangegangenen Jahr bereits ein neues Ausbildungssystem eingeführt, weg vom altbekannten System „ein Jungimker mit einem Imkerpaten", und bildet nun Gruppen von Jungimkern gemeinsam aus, die sogenannte „Generation21". Das hat den Vorteil, dass durch das gemeinsame Lernen Probleme in der Gruppe gelöst werden können, mehr Fragen gestellt werden und trotzdem immer ein Ansprechpartner für individuelle Probleme da ist. Die Jungimker der Gruppe haben ihre Bienenvölker in den beiden Ausbildungsjahren am Lehrbienenstand des Imkervereins, während die Schulbienen bereits von Anfang an bei uns auf dem Schulgelände einquartiert wurden. Die Schüler des AK Schulimkerei sollten ja von Anfang an mit dabei sein. Bei Unsicherheiten oder Problemen fand sich aber immer ein Freiwilliger vom Imkerverein, der vorbeischaute und mich beispielsweise bei den ersten Durchsichten der Beuten unterstützte.

> **❗ Wichtig!**
> **Tipp 10:** Für die Grundausstattung haben viele Imkervereine bereits fertige Listen, was alles angeschafft werden muss. Das erleichtert den Start enorm.

Ohne den Förderverein hätten wir das Projekt finanziell niemals stemmen können, da die Ausrüstung und Anschaffungskosten höher sind, als man zu Beginn vermutet. Die Beuten und das Werkzeug fallen dabei gar nicht so groß ins Gewicht, aber man muss bedenken, dass man für eine Schülergruppe von bis zu zehn Schülern Schutzausrüstung, d.h., zumindest Handschuhe und Imkerjacken in verschiedenen Größen bereithalten muss. Außerdem sollen der produzierte Honig und das Wachs auch gewonnen und verarbeitet werden, weshalb wir Honigschleuder, Dampfwachsschmelze, Abfülleimer und Entdeckelungswerkzeug benötigten.

Um all das finanzieren zu können, wurden die Schülerinnen und Schüler auch auf Sponsorensuche geschickt: Sie rührten in lokalen Geschäften, bei Banken und auch bei den Eltern kräftig die Werbetrommel. Dank des Fördervereins und der weiteren Sponsoren konnten wir die komplette Ausrüstung zur Honiggewinnung und -verarbeitung anschaffen, sodass wir alle Arbeiten direkt in der Schule durchführen können. Ein großer Dank geht daher an alle Sponsoren und im Besonderen an unseren Förderverein mit all seinen Mitgliedern, der uns bei allen Wünschen und Projektideen unterstützt hat und auch mit Rat und Tat zur Seite stand. Besonders der Vorsitzende Martin Stradtner hat das Projekt mit seiner Begeisterung vorangetrieben und uns maßgeblich bei der Digitalisierung der Beuten durch beelogger unterstützt.

> **❗ Wichtig!**
> **Tipp 11:** Nehmt Kontakt zum Förderverein auf. Auch wenn kein Geld zur Unterstützung da sein sollte, können durch den Förderverein möglicherweise weitere Kontakte geknüpft werden, die ein Sponsoring ermöglichen. Außerdem lohnt es sich auch hier, die Schüler zu aktivieren und auf Sponsorensuche zu schicken, da sie eine größere Reichweite erzeugen können. Auch viele Eltern und Großeltern unterstützen solche Projekte gerne oder können weitere Kontakte herstellen.

Die Ausstattung der Bienenstöcke mit beeloggern wurde durch eine Initiative des Kreisverbands der Imker des Landkreises Erlangen-Höchstadt vorangetrieben, der dankenswerterweise auch eine Förderung für die Bauteile der beelogger erwirken konnte. Bei mehreren gemeinsamen Treffen verschiedener Schulimkereien im Landkreis wurde die Idee dann vorangetrieben und verschiedene Ideen zur praktischen Nutzung der Daten, wie z.B. ein schulübergreifendes „Jugend forscht"-Projekt diskutiert. Zunächst mussten aber die beelogger zusammengebaut werden. Am Gymeck fanden sich Schüler der Oberstufe, die im Rahmen ihres P-Seminars die Aufgabe übernahmen, die beelogger zusammenzulöten und einzurichten. Auch hier arbeiteten die Schulimkereien gut zusammen, da es mehrere Treffen zum gemeinsamen Löten unter erfahrener Anleitung gab. Diese war auch dringend erforderlich, da sich der Zusammenbau als schwieriger herausstellte als gedacht. Im Oktober konnte schließlich ein beelogger installiert werden und liefert seitdem Livedaten zu Gewicht, Temperatur und Luftfeuchtigkeit in einem unserer Bienenstöcke. Ein Ausbau mit weiteren Sensoren, beispielsweise auch mit einer Kamera, und ein zweiter beelogger sind bereits in Planung. Auch die Vergrößerung der Schulimkerei ist bereits in Planung, damit wir durch die Bildung eines Ablegers von aktuell zwei auf drei Völker wachsen können. Dazu wird demnächst eine dritte Beute angeschafft, die – als zusätzliches Highlight – teilweise mit Wänden aus Plexiglas versehen ist. So können wir an unserem Schulfest allen Interessierten zeigen, wie so ein Bienenstock von innen aussieht, ohne die Bienen zu stören.

> **🛈 Wichtig!**
> **Tipp 12:** Eine digitale Überwachung des Bienenstocks kann viel zur optimalen Pflege der Bienen beitragen, da durch die Temperatur im Stock und das Gewicht auf das Wohlergehen der Bienen geschlossen werden kann. Die Installation erfordert aber einiges an Wissen und Können.

Bild 30: Prototyp eines beeloggers (Foto: Martin Stradtner) und Link zum Zeitungsartikel Blum J (2023) Schul-Imkereien entdecken die digitale Welt, in: Fränkischer Tag vom 24.02.2023. Verfügbar via Fränkischer Tag https://www.fraenkischertag.de/lokales/hoechstadt-herzogenaurach/umwelt-natur/digitalisierung-der-schulimkereien-bausaetze-an-zehn-einrichtungen-uebergeben-art-232718. Zugriff 23.07.2024.

Im Sommerhalbjahr 2024 begann dann der erste Wahlkurs „Schulimkerei", in dem den Teilnehmern zunächst die theoretisch notwendigen Hintergrundinformationen zur Bienenhaltung vermittelt wurden. Anschließend wurden sie langsam an die Arbeit mit den Bienen herangeführt und lernten alle wichtigen Arbeiten beim Imkern. Sie dürfen jederzeit selbstständig Arbeiten durchführen und ausprobieren, soviel sie sich zutrauen. Wichtig ist dabei aber, keinen Druck auszuüben und niemanden zu zwingen, da dies das Risiko unnötiger Unfälle deutlich erhöht.

Ziel des Wahlkurses ist es mittelfristig, Schülergruppen zu bilden, in denen erfahrenere Schülerinnen und Schüler mit weniger erfahrenen Schülern zusammenarbeiten und sich gegenseitig das bereits Gelernte weitergeben, ganz nach dem Prinzip „Lernen durch Lehren". Außerdem sollen die Schüler erfahren, wie viel Arbeit in der Honigproduktion steckt, sowohl auf Seiten des Menschen, aber insbesondere auf Seiten der Bienen. Und ganz wichtig natürlich: Spaß haben! Ich habe meine diesjährigen Wahlkursteilnehmer gefragt, warum sie sich für die Schulimkerei entschieden haben, und hier sind einige ihrer Antworten:

„Ich habe das Wahlfach gewählt, da ich mich für Bienen im Allgemeinen interessiere und finde wir sollten sie mehr schützen. Außerdem mag ich Honig :)"

„Ich habe das Wahlfach gewählt, weil ich mir nächstes Jahr eigene Bienen zulegen möchte."

„Ich habe den Wahlunterricht gewählt, weil ich mal Abwechslung von den anderen Kursen haben wollte und ich Bienen einfach total cool finde"

„Nachdem ich wegen dem Löten von den Waben an die Rähmchen dazu gekommen bin und so das Imkern ausprobieren könnte, habe ich gemerkt wie viel Spaß es macht"

„Ich habe den Wahlkurs gewählt, weil ich mehr über Bienen erfahren wollte, weil ich die irgendwie faszinierend finde und weil ich es wichtig finde sie zu schützen. Außerdem finde ich es cool, dann eigenen Honig zu haben :)"

„Ich hab den Wahlkurs gewählt, weil ich gerne mehr über Bienen wissen will und weil sich das Wahlfach einfach spannend angehört hat"

„Ich habe den Wahlkurs gewählt, weil ich mich sehr für Natur und Naturschutz interessiere. Außerdem ist es faszinierend, was so kleine Insekten alles können"

Das zeigt, dass eine Schulimkerei nicht nur für die Wahlkursleitung oder die Kollegen eine spannende Abwechslung vom Schulalltag bietet, sondern auch für die Schüler Faszination, Abwechslung und Interesse an ihrer Umwelt bedeutet und daher meines Erachtens ein hervorragender Baustein für lebensnahe Schulbildung darstellen kann. Auch unsere Schulleitung, der ich an dieser Stelle meinen Dank aussprechen möchte, bat ich um einen Kommentar, warum sie die Schulimkerei so tatkräftig unterstützt hat und welchen Mehrwert die Imkerei für unsere Schule hat:

„Nachdem wir am GymEck bereits einen sehr motivierten Schüler hatten, der sich für das Thema Bienen engagierte, war es ein absoluter Glücksfall, dass Frau Lang an unsere Schule wechselte und sich sehr bald der Sache annahm. Es ist mir eine Freude, Frau Lang und ihre SchulimkerInnen bei ihrem Projekt zu unterstützen. Die Schulbienen passen sehr gut zu unserem Blühwiesenprojekt, sie fordern und fördern Engagement, Interesse und Verantwortungsbereitschaft über das normale Maß hinaus, sowohl bei der Lehrkraft als auch bei den Schülerinnen und Schülern. Dafür kann ich als Schulleiter nur froh und dankbar sein. Ich freue mich sehr auf unseren schuleigenen Honig und danke der Gruppe ganz herzlich für ihr Engagement." OStD Burkard Eichelsbacher

6.10 Eine Schulimkerei am Stadtgymnasium

von Thomas Bittner-Brehm

6.10.1 Bienen in der Stadt?!

Während Schulen im ländlichen Raum in der Regel keine Probleme haben, geeignete Orte für Bienenstöcke auf dem Schulgelände zu finden, stellt die begrenzte Fläche in der Stadt durchaus vor einige Herausforderungen. Offensichtlich eignet sich Bienenhaltung auf dem Land ganz hervorragend: weite Flure, vielfältige Trachtquellen, Ruhe und vor allem Platz. All dies entspricht dem Stereotyp der mit imkerlicher Tätigkeit einhergehenden Landidylle. Und ja: Die angeführten Argumente sind tatsächlich stichhaltig: Bienen brauchen ihre Ruhe, viele verschiedene über das Jahr verteilt blühende Pflanzen und der räumliche Abstand zu reger Betriebsamkeit und Neugier des Menschen ist definitiv auch nicht das schlechteste Argument, beugt er doch auch potenziellen Problemen vor.

Dass eine Stadtimkerei dennoch keine schlechte, genau genommen sogar eine vielversprechende Bienenhaltung ermöglicht, überzeugte letztlich auch skeptische Stimmen in der Schulfamilie.

Die konkrete Realisation des Projekts möchte ich im Folgenden unter Berücksichtigung von Tipps, Überlegungen und der Thematisierung von Schwierigkeiten konkretisieren.

Mein Name ist Thomas Bittner-Brehm und als Lehrkraft an einem mittelfränkischen Gymnasium unterrichte ich die Fächer Latein, katholische Religionslehre, Medienpädagogik sowie Politik und Gesellschaft.. Allein meine Fächerverbindung stellt dabei schon das erste zu überwindende Problem dar – doch dazu später mehr.

Die Projektdurchführung und -ausstrahlung | 183

> **Wichtig!**
>
> **Tipp:** Auch wenn Stadtschulen platztechnisch nicht immer über großzügige Standorte für Bienenstöcke verfügen, können Bienen in Städten genauso gut leben wie auf dem Land. Die stetige Futterversorgung durch Blühendes ist sogar verlässlicher als bei Monokulturen auf dem Land bzw. dort entstehenden Trachtlücken.

6.10.2 Perspektivenwechsel: Arbeiten mit Schülerinnen und Schülern

Mein eigenes Interesse für Bienen, ihre artgerechte Haltung und natürlich die Bienenprodukte entwickelte sich im Zuge der schier endlosen Corona-Lockdowns. In dieser Zeit las ich mir fundiertes Fachwissen an, nahm an thematischen Online-Fortbildungen (später auch in Präsenz) teil und legte mir schließlich zwei eigene Völker zu.

Bild 31: Reges Treiben bei den Bienen, Foto: Thomas Bittner-Brehm.

Die Faszination wuchs und wächst mit jeder neuen Information und das erste erfolgreiche Überwintern konnte nur noch von der ersten eigenen Honigernte übertroffen werden. Seitdem hat mich das Imker-Virus vollends ergriffen und ich teile mein Wissen sehr gerne mit interessierten Personen – anfangs natürlich mit dem Familien- und Freundeskreis –, später rückte auch der schulische Kontext in den Fokus.

> **Wichtig!**
>
> **Tipp:** Da es zu Situationen kommen kann, in denen konkreter Handlungsbedarf an den Völkern besteht, aber auch die Gesundheit der Bienen immer wieder neu überprüft werden muss, braucht es profundes, selbst erworbenes Wissen über Bienenwesen, ihre Organisation und deren artgerechte Haltung. Dieses kann in Imkerkursen, online oder auch durch Fachliteratur erworben werden. Es lohnt sich zudem, einem Imkerpaten über die Schulter zu schauen und das praktische Arbeiten zu erlernen und nicht nur nach dem Prinzip „trial and error" auszuprobieren. In meiner konkreten Situation mit den pandemiebedingten Einschränkungen hat sich jedoch auch Letzteres durchaus bewährt.

Das eine kommt zum anderen, und wie das nun mal so ist, spricht man mit Schülerinnen und Schülern abseits des Unterrichts auch über Privates und eigene Interessen. Schnell merkte ich, dass die Arbeit mit Bienen eine Faszination auslöste, die sich von den Bienenwesen über die Beutensysteme bis hin zum Honig erstreckte.

Viele hatten eine gewisse Ahnung, was Imker machen, und sahen vor allem das Endprodukt Honig als Resultat dieser Arbeit; die Vielfalt und Komplexität waren den meisten allerdings unbekannt und füllten nicht nur einen Gesprächsabend.

Das Interesse an Bienen und allgemein Insekten rührt vermutlich auch aus der derzeit hohen gesellschaftlichen Sensibilität für Umwelt, Nachhaltigkeit und Artenvielfalt, welche unter anderem durch das bayerische Volksbegehren „Rettet die Bienen!" im Jahre 2019 und in der allgemeinen Diskussion unter Jugendlichen eine Rolle spielt.

Die Kausalkette von Umweltbelastung durch CO2 sowie die Zerstörung natürlicher Lebensräume von Tieren mündet schließlich zwangsläufig in der Frage nach den Voraussetzungen für menschliches Leben und den eigenen Möglichkeiten der Intervention.

„Wenn die Biene einmal von der Erde verschwindet, hat der Mensch nur noch vier Jahre zu leben."[2]

Ob dieses Zitat tatsächlich auf Albert Einstein zurückgeht, sei dahingestellt; in jedem Fall verdeutlicht es paradigmatisch die Wichtigkeit von Insekten und damit auch der Bienen für menschliches Leben.

Offensichtlich übte die Arbeit mit Bienen nicht nur auf mich eine Faszination aus und ich wollte gerne mein Wissen in Theorie und Praxis an meine Schülerschaft weitergeben. Nun brauchte es Wege für die Umsetzung.

❗ Wichtig!

Tipp: Um in anderen das Interesse zu entfachen, braucht es eine eigene Grundbegeisterung für die Arbeit mit Bienen. Blickt man in die Zukunft und eine bestehende Schulimkerei, bleibt nämlich im Zweifelsfall manche Arbeit an Ihnen als verantwortlicher Lehrkraft hängen, was nicht so schlimm ist, wenn man es mit Engagement und Interesse macht.

---

2   Vgl. auch Enders M (2020) „Wenn die Biene einmal von der Erde verschwindet, hat der Mensch nur noch vier Jahre zu leben." DWN-Interview mit Harald Stephan, in: Deutsche Wirtschaftsnachrichten vom 25.07.2020. Verfügbar via Deutsche Wirtschaftsnachrichten. https://deutsche-wirtschafts-nachrichten.de/505376/wenn-die-biene-von-der-erde-verschwindet-hat-der-mensch-nur-noch-vier-jahre-zu-leben. Zugriff: 23.07.2024.

6.10.3 Pädagogische Überlegungen – den Weg ebnen

Doch wie fängt man es an, wenn man weder Biologie noch irgendeine andere Naturwissenschaft unterrichtet, sondern katholische Religionslehre und Latein? Zugute kam mir, dass es lateinische Werke gibt, die sich tatsächlich mit Bienen beschäftigen: Ein Hoch auf den alten Vergil, der dem Bienenstaat in seinen Georgica das gesamte IV. Buch widmete! Die Anknüpfung an den Unterricht war also gegeben, doch brauchte es auch ausreichend Zeit, um die Schulimkerei von Grund auf zu planen und in die Tat umzusetzen.

Die Lösung lag im Projektseminar der gymnasialen Oberstufe, das ich mit dem Titel „Der Bienenstaat in Vergils Georgica: Aufbau einer Schulimkerei" ins Rennen schickte. Der Zuspruch war groß, so dass die Grundvoraussetzungen geschaffen waren: ausreichend Zeit (2 Stunden pro Woche) und 16 motivierte Schülerinnen und Schüler.

❗ **Wichtig!**

Tipp: Kreativität lohnt sich! Nicht nur das Kollegium, sondern die gesamte Schulgemeinschaft schmunzelt über kreative Lösungen, die einen Mehrwert und eine Bereicherung für das Schulleben darstellen.

Vor Beantragung eines solchen Seminars (oder eines Wahlkurses) müssen allerdings auch rechtliche Fragestellungen geklärt werden. Hierbei ist ein offenes Gespräch über Chancen und Risiken mit der Schulleitung zwingend der erste Weg, da deren Rückendeckung essentiell ist, bevor man mit dem Sachaufwandsträger (z.B. Stadt oder Kommune) in Kontakt tritt, da dieser als Eigentümer des Grundstücks der Schule die Genehmigung zur Aufstellung von Bienenstöcken erteilen muss.

Eine Rolle spielen auch die Fragen nach bekannten Bienengiftallergien der Schülerschaft, die Standortfrage oder die räumliche Abgrenzung von öffentlich begehbaren Bereichen des Schulgeländes. Für mich stand außer Frage, dass die Sicherheit der Schulfamilie vorgeht und ich mich daher mit entsprechenden Fragen beschäftigen musste.

Dazu gehörte zu eruieren, bei wem eine attestierte Bienengiftallergie aktenkundig war, wie ich den begrenzten Platz des Schulhofes nutzen konnte, um z.B. nicht in Kollision mit dem Basketballkorb oder der Tischtennisplatte zu kommen, oder welche Maßnahmen wir im Falle eines Stiches ergreifen konnten – und der kommt so sicher wie das Amen in der Kirche! Letztlich informierte ich zuerst die Schulgemeinschaft mit der Bitte um Rückmeldung bekannter Allergien gegen Bienengift, die nebenbei bemerkt ohnehin meldepflichtig sind, da es zu Stichen auch auf Ausflügen, Wandertagen oder bei verirrten Insekten im Klassenzimmer kommen kann. Diese Erhebung betrachte ich als wichtig für eine Schulgemeinschaft, da nicht selten solche Meldepflichten aus den Augen verloren werden.

Auch wenn es Schulen gibt, die den Bereich der Bienenstöcke räumlich nur rudimentär abgrenzen, entschied ich mich für eine umfassende Eingrenzung des Bereichs mit einem 2 m hohen Stabmattenzaun, in den eine abschließbare Tür integriert ist, aber durch die Gitter auch immer eine Beobachtung des Bienenflugs ermöglicht. Hier konnten auch selbst erstellte Info-Tafeln meines Kurses und Warnschilder (vgl. Abbildung 33) aufgehängt werden.

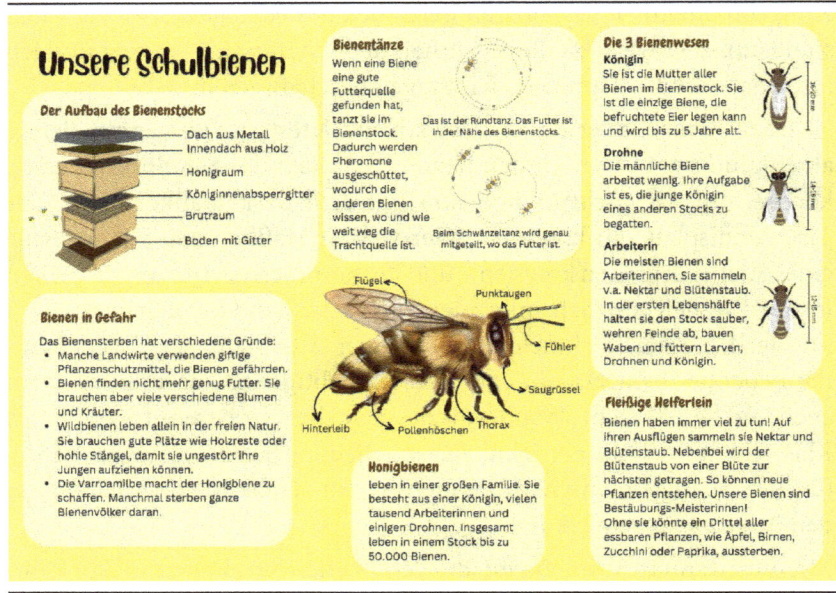

Bild 32: Info-Tafeln des Kurses, Foto: Thomas Bittner-Brehm.

Vor allem bei einem öffentlich begehbaren Schulgelände sollte auch der Aspekt „Vandalismus" beachtet werden. Durch den Zaun ist das Betreten des Bienengeländes erschwert und es braucht schon kriminelle Energie, um das Hindernis zu überwinden und Schaden anzurichten.

Selbstverständlich sind die Stöcke gegen Vandalismus und Sturmschäden durch den Mitgliedsbeitrag im Imkerverein versichert, aber vor allem im schulischen Kontext sollte neben wirtschaftlichem Schaden und dem Tierwohl auch ein möglicher Personenschaden berücksichtigt werden, den es natürlich mit allen Mitteln zu verhindern gilt.

In Bayern ist Bienenhaltung meldepflichtig und daher benötigt man eine Betriebsnummer des Landesamts für Ernährung, Landwirtschaft und Forsten; diese kann über den entsprechenden Antrag erteilt werden. Eine Alternative wäre die Nutzung der ohnehin bestehenden eigenen Betriebsnummer unter Angabe der Flurnummer des Schulgeländes, das zur Nutzung als Standort durch den Sachaufwandsträger genehmigt wurde. Bei Anträgen für staatliche Zuschüsse jedoch wird es kompliziert, da man als Privatperson nicht förderfähig ist (außer partiell bei der Anschaffung eigener Geräte). Meine Empfehlung geht daher eindeutig zur eigenen Betriebsnummer der Schulimkerei, mit der auch andere Personen in Zukunft arbeiten könnten.

❗ Wichtig!

Tipp: Die zuständige Behörde vor Ort braucht jährlich ein Update über die Anzahl der betreuten Bienenvölker. Dies hat vor allem den Hintergrund, dass im Falle von Seuchenausbrüchen (z.B. Amerikanische Faulbrut) schnell informiert und reagiert werden kann. Bei den meisten Stellen reicht eine Information per E-Mail über Ableger und Wirtschaftsvölker aus. Markieren Sie sich einen Termin im Winter, wenn klar ist, wie viele Völker Sie überwintern, damit Sie die Mitteilung nicht vergessen.

❗ Wichtig!

Tipp: Der Freistaat Bayern fördert „Imkern an Schulen" derzeit mit bis zu 400 Euro jährlicher Subvention, die auf Antrag genehmigt werden kann – unter jährlichem Nachweis der Durchführung des Wahlkurses. Hierbei müssen keine Teilnehmerlisten eingereicht werden, aber dennoch müssen Sie intern dokumentieren, mit welcher Gruppe Sie den Wahlkurs durchgeführt haben, da es zu stichprobenartigen Überprüfungen kommen kann. Die jeweils aktuellen Ausschlussfristen sowie Veränderungen im Verfahren sind über die Internetpräsenz des Landesamtes einsehbar.

6.10.4 Projekte scheitern – oder gelingen

Als Projekt-Seminar war von Beginn an klar, dass Projekte gelingen bzw. auch scheitern können, je nachdem, wie ambitioniert und engagiert das gemeinsame Projekt vorangetrieben wird. Einerseits war ich natürlich in der Rolle der Lehrkraft, die auch Ergebnisse und Präsentationen bewerten musste (so lauten die Vorgaben des P-Seminars), andererseits verstand ich mich selbst vielmehr als Begleiter und Unterstützer, der mit seinen Möglichkeiten zum Gelingen des Projektes beitragen konnte, aber nicht bereit ist, das Projekt als One-Man-Show zum Erfolg zu tragen. Dieser Gedanke liegt schließlich der Konzeption des Seminargedankens zugrunde: Schülerinnen und Schüler sollen sich als Gruppe erleben, in der mit Aufgabenteilung jede Person eigene Talente einbringen kann und soll. Zum Alltag gehörten somit auch mehr oder weniger lange Diskussionen und Absprachen abseits des aktiven Arbeitens an den Stöcken.

Zunächst brauchte es einen Projektplan (s. Abbildung 34), der die zur Verfügung stehende Unterrichtszeit in sinnvolle Etappen mit entsprechenden Zielen einteilte. Nach Ausarbeitung dieses Plans folgte die Akquise von Sponsoren, was sich zunächst schwieriger gestalten sollte als gedacht: Auf die zahlreichen E-Mails an namhafte Firmen und mögliche Förderer aus der näheren Umgebung folgten nämlich so manche Absagen mit der Begründung, man fördere bereits so viel, dass man um Verständnis dafür bäte, in diesem konkreten Fall nicht unterstützen zu können. Deprimierend und ein erster Rückschlag – damit waren auch negative Erfahrungen von Projektarbeit gemacht, denn ohne finanzielle Mittel war die Umsetzung schließlich unmöglich.

Bild 33: Projektplan, Foto: Thomas Bittner-Brehm.

Glücklicherweise fiel der Blick bei der Suche nach Sponsoren auch auf Banken und eine lokale Bank initiierte just ein Gewinnspiel zur Förderung sozialer und nachhaltiger Projekte. Nach umfassender Bewerbung des Wettbewerbs in den Klassen, der gesamten Schulfamilie sowie der breiten Öffentlichkeit in der Stadt (z.B. Studenten, Fußgängerzone) gelang es schließlich, den 2. Platz zu belegen und mit 4000 Euro Preisgeld war eine weiche Grundlage geschaffen, mit der das Projekt nicht mehr scheitern konnte.

Die Euphorie über dieses Etappenziel gab neue Energie und ließ den Fokus wieder auf das Projektziel richten.

> **Wichtig!**
> **Tipp:** Es gibt nicht DIE Adresse, an die man sich für Förderungen wenden könnte. Halten Sie die Augen nach lokalen Wettbewerben offen und verfassen Sie Initiativschreiben an Behörden, Betriebe oder Banken. Viele Institutionen haben spezielle Fonds, die nicht unbedingt einer breiten Öffentlichkeit kommuniziert werden.

6.10.5 Theorie ...

Parallel hierzu war es zwingend notwendig, dass sich der Kurs auch verlässliches theoretisches Wissen über Bienen und ihre Haltung erwarb, da für Frühjahr und Sommer die aktive Arbeit an den Bienenstöcken angedacht war.

Dies erfolgte durch themenbezogene Referate (eine valide Informationsquelle bietet: www.die-honigmacher.de) unter Einbezug von Fachliteratur. An dieser Stelle konnte ich mit der Benotung der fachlichen Referate auch der Anforderung an das P-Seminar gerecht werden.

Parallel dazu ging die Suche nach geeigneten Sponsoren weiter und war neben weiteren Absagen von Erfolg geprägt: Supermärkte, Drogerien, Banken und auch die Stadtverwaltung sicherten ihre Unterstützung zu.

Diese reichte von der Bereitstellung von Honiggläsern über Zucker als Winterfutter bis hin zu weiterer finanzieller Unterstützung, die zweckgebunden die Anschaffung hochwertiger Gerätschaften ermöglichte, so dass wir heute eine stattliche und qualitativ hochwertige Ausstattung Eigentum unserer Schulimkerei nennen dürfen. Natürlich waren wir rechenschaftspflichtig über die Anschaffungen, was auch einen gewissenhaften Umgang mit Kaufbelegen und den jeweiligen Dokumenten erforderte.

❶ Wichtig!

Tipp: Manche Unternehmen oder auch Privatpersonen möchten eine Spendenquittung, die beispielsweise der Freundeskreis der Schule als gemeinnützige Organisation ausstellen kann. Kontaktieren und informieren Sie das Gremium und Ihre Schulleitung rechtzeitig, da Sie neben der Spendenproblematik auch die generelle finanzielle Problematik lösen können: Indem Gelder über das Konto des Freundeskreises verwaltet sind, müssen sie nicht versteuert werden (vor allem bei Zuwendungen von Banken ein entscheidender Faktor!), unterliegen einer mehrfachen Prüfung durch den Kassenwart, das Gremium und schließlich Sie selbst. Dabei entscheiden Sie natürlich über nötige Anschaffungen, haben aber auch die Sicherheit hinsichtlich etwaiger Rechtfertigungen über den Einsatz und Verwendung der bewilligten Mittel.

Für die pädagogische Arbeit ist der Blick über das Basisequipment durchaus sinnvoll, denn als Hobbyimker würde man sich aus Kostengründen wohl keine eigene Mittelwandpresse oder Wachsklärmaschine anschaffen, in der Schule jedoch lassen sich genau mit diesen Investitionen ein breites Spektrum der imkerlichen Praxis verdeutlichen und auch größere Gruppen sinnvoll pädagogisch betreuen. Die Geräte können Sie auch anderen Imkerinnen und Imkern als Leihgabe auf Spendenbasis zur Verfügung stellen. Damit profitieren auch die Vereinsmitglieder bzw. Imker und Imkerinnen der Region.

> **❗ Wichtig!**
> **Tipp:** Setzen Sie bei den Geräten auf Qualität! Edelstahlgeräte zeichnen sich nicht nur durch Langlebigkeit aus – an Schulen kann auch schon einmal etwas herunterfallen! –, sondern gewährleisten auch rückstandsfreie Produkte. Wenn die Finanzierung eher tröpfelt als fließt, braucht es eben einen längeren Atem, um sich über Jahre hinweg eine hochwertige Ausstattung zuzulegen.

Anträge, Anschreiben für Förderungen sowie die medienwirksame Abholung der Sachspenden vollzogen die Schülerinnen und Schüler quasi in Eigenregie und griffen auf mich als lediglich Berater für Formulierungen oder Fahrer zur Warenabholung zurück.

Die darin erlebte Selbstwirksamkeit wurde mir im Nachgang des Seminars immer als besonders wertvoll empfundener Umstand mitgeteilt. Insgesamt fiel das Urteil des „Projekt"-Seminars hervorragend aus, denn die Schülerinnen und Schüler hatten das Gefühl, einer nicht selbstverständlichen Projektidee wirklich eigenständig und entgegen allen Unkenrufen zur Verwirklichung verholfen zu haben.

> **❗ Wichtig!**
> **Tipp:** Trauen Sie Ihren Schülerinnen und Schülern etwas zu – sie können mit Eigenverantwortung umgehen und wachsen dabei über sich hinaus. Ein wachsames Auge über alles, was offiziell die Schule verlässt (z.B. Brief oder E-Mail), ist dennoch ratsam, da letztlich Sie dafür herangezogen werden können.

6.10.6 … und Praxis

Das zweite Halbjahr stand ganz im Zeichen der aktiven Arbeit an den Bienen. Zuvor musste jedoch das nötige Equipment gekauft werden, für das ich als Imker ein guter Berater sein und auch auf Qualitätsunterschiede bzw. notwendige Aspekte hinweisen konnte. Auf Grundlage der erworbenen Finanzmittel verglich das Seminar anschließend die Preise bei unterschiedlichen Händlern, entschied sich dann jedoch für die Zusammenarbeit mit einem lokalen Bienenfachhandel, dessen Inhaberin uns über Gebühr mit Rat und Tat zur Seite stand, die Bestellungen entgegennahm, kritisch prüfte und eine sichere Lieferung gewährleistete.

> **Wichtig!**
> **Tipp:** Unterstützen Sie lokale und regionale Unternehmerinnen und Unternehmer! Sie sind meistens gerne auch außerhalb der Öffnungszeiten Ansprechpartner, verfügen über fundiertes Wissen und können gute Ratschläge für oder gegen eigene Überlegungen geben.

Mit den ersten Sonnenstrahlen des Frühlings begann die Arbeit an den Stöcken.

Hier gilt zu erwähnen, dass ich selbst aus meinen Völkern im Vorjahr zwei Ableger gezogen hatte, die sich nun zu Wirtschaftsvölkern entwickeln sollten und damit eine gute Honigernte in Aussicht stellten. Alternativ kann man auch Ableger bzw. Wirtschaftsvölker bei Imkern kaufen, allerdings sollte beim Seminar ja ein Produkt als Ergebnis stehen und wir brauchten eine gute Anzahl von Honiggläsern zur Repräsentation.

> **Wichtig!**
> **Tipp:** Ableger mit begatteter Königin kosten um die 100 Euro. Billiger ist das eigene Heranziehen eines Ablegers oder die Zusammenarbeit mit einem Imkereiverein. Viele Imker sind froh, wenn Sie im Frühsommer die Bienenmasse ihrer Völker reduzieren können und kein neues Volk ziehen müssen.

Alles theoretisch erworbene Wissen wurde nun an den Völkern intensiviert. Als erstes ließ ich die Gruppe in Schutzanzügen direkt an den offenen Stöcken stehen, damit sie sich mit dem Flugverhalten, der Lautstärke eines Bienenvolks und auch den ersten Berührungsängsten arrangieren konnte. Schnell legten die Schülerinnen und Schüler ihre Scheu im Umgang mit Bienen ab, diagnostizierten eigenständig den Gesundheitszustand eines Volkes (die Theorie des 1. Halbjahres hatte sich bewährt!), erweiterten die Völker, setzten Honigräume auf, brachen Weiselzellen und erklärten jüngeren Mitschülerinnen und Mitschülern ihre Tätigkeiten.

Der ein oder andere Stich ließ sich natürlich nicht verhindern, obwohl Stiche – wie aus meiner privaten Erfahrung – fast ausschließlich auf imkerliches Fehlverhalten rückführbar waren: Zu schnelle Bewegungen, ungeduldiges Öffnen der Stöcke oder eine nicht richtig sitzende Rähmchenzange ...

❗ **Wichtig!**

Tipp: Abseits einer generellen Abklärung von Bienengiftallergien braucht es definitiv beim engen Kreis der Teilnehmenden im Seminar bzw. Wahlkurs den Ausschluss eines septischen Schocks durch Stiche. Holen Sie sich im Vorfeld Bestätigungen der Eltern ein, um ggf. lebensbedrohliche Situationen a priori zu vermeiden.

Mit der Zeit entwickelte sich eine Eigendynamik, so dass die wöchentliche Stockdurchsicht auch in die Hände der Schülerschaft gelegt werden konnte, ich allerdings immer erreichbar war, um Ferndiagnosen zu stellen oder Handlungsratschläge zu geben.

Höhepunkt des Schuljahres war sicherlich das Schleudern, Abfüllen, Etikettieren und Verkaufen des Honigs auf dem Schulfest (siehe Abbildung 34).

Bild 34: Etikettieren des Honigs, Foto: Thomas Bittner-Brehm.

Als Marketingstrategie entschieden sich einige Schüler dazu, mit vollen Honigrähmchen durch die Menge zu gehen und die Leute direkt aus der Wabe probieren zu lassen.

Bild 35: Volle Honigrähmchen, Foto: Thomas Bittner-Brehm.

Abgesehen davon, dass alle Gläser restlos verkauft wurden, schuf diese Aktion Gesprächsanlässe, in denen die Schülerinnen und Schüler ihr eigenes Wissen und ihre Begeisterung weitergeben konnten.

Das endgültige verkaufsfertige Produkt war wieder Ergebnis hervorragender Zusammenarbeit aller, schließlich mussten Gläser sterilisiert werden, Etiketten entworfen und gedruckt werden und vieles mehr (siehe Abbildung 36).

Bild 36: Von den Schülern entworfenes Etikett, Foto: Thomas Bittner-Brehm.

Die vielschichtigen Erfahrungen der Vermarktung waren ein weiterer komplementärer Blickwinkel auf das eigene Produkt. Mit dem Verkauf des Honigs fand das P-Seminar sein Ende: Unser Projekt war binnen eines Schuljahres von der Planung bis zur Verwirklichung erfolgreich umgesetzt worden. Was nun?

6.10.7 Fortleben im Wahlkurs

Die durchaus kostspieligen und hochwertigen Gerätschaften werden nach dem Projektseminar durch den Wahlkurs „Schulimkerei" genutzt, der über mehrere Jahrgangsstufen für interessierte Schülerinnen und Schüler ab der 9. Jahrgangsstufe angeboten wird. Auch an die Arbeit mit jüngeren Kindern kann gedacht werden, braucht jedoch einen anderen pädagogischen Fokus und eine intensivere Betreuung der Lerngruppe. Dabei gilt es, das neue Bienenjahr im Winter so gut vorzubereiten, dass im Frühjahr die aktive Arbeit an den Stöcken reibungslos klappt.

Anders als im P-Seminar gibt es im Wahlkurs keine Noten und auch keine fachlich ausgerichteten Referate, sondern ich setze pro Schuljahr punktuelle Akzente und die Jugendlichen lernen den Umgang mit Bienen durch ihre direkten Erfahrungen bei der aktiven Arbeit. Neben dem Endprodukt „Honig" lassen sich aus dem gewonnenen Wachs gut eigene Mittelwände pressen, Kerzen gießen oder Pflegeprodukte herstellen – Der Fantasie sind keine Grenzen gesetzt. Da die finanziellen Förderungen für einen Wahlkurs spärlicher ausfallen, finanzieren wir die laufenden Kosten allein durch den Verkauf unseres Schulhonigs.

> **Wichtig!**
>
> **Tipp:** Bieten Sie das angeschaffte Equipment auch anderen Fachschaften der Schule an oder gestalten Sie eigene Projekte damit. Beispielsweise eignen sich künftige P-Seminare sehr gut, die den Fokus auf Bienenkosmetik, Pflegeprodukte oder auch Nachhaltigkeit und Tierschutz legen. In meinem Fall folgte auf das P-Seminar zur Gründung einer Schulimkerei ein P-Seminar mit dem Leitfach katholische Religionslehre zu Nachhaltigkeit, Ethik auf dem Arbeitsmarkt verbunden mit einem praktischen Teil (nachhaltige und regionale Bienenprodukte).

> **Wichtig!**
>
> **Tipp:** Achten Sie auf Ihre Ausstattung und waschen Sie die Schutzkleidung regelmäßig – die Schülerinnen und Schüler danken es Ihnen. So bekommt jedes Kind fürs Schuljahr „seinen" Schutzanzug, der am Ende gewaschen wird. Während die Anzüge gemeinsam gewaschen werden können, müssen Sie bei den Schleiern vorsichtig sein, um keine Löcher in das Schutzvisier zu bekommen. Es eignen sich z.B. alte Kopfkissenbezüge, in denen zwei bis drei Schleier gewaschen werden können. Aber geben wir uns keiner Illusion hin: Propolis ist hartnäckig und auch nach dem Waschgang bleiben gelbliche Flecken.

6.11 Initiative: Digitalisierung und Imkerei

von Werner Jäger

6.11.1 Vom Einstieg in die Imkerei bis zu den Schulimkern

Ursprünglich standen die Bienen nicht auf der Liste meiner Hobbies: Musik in Bands und Kirchen, Elektronik, Programmieren und Gemüsegarten. Doch mein Schwiegervater gab nicht nach um, mein Interesse an seinem Lebenswerk zu wecken, seiner Imkerei.

Zunächst half ich ihm beim Betreuen seiner Völker und denen seiner guten Imkerfreunde und begleitete ihn zunehmend auf Imkerei-Veranstaltungen. Schließlich nahm ich viele Schulungen der LWG (Landesanstalt für Wein- und Gartenbau) Abteilung Bienen wahr, probierte die erlernte Theorie selbst aus und unterstütze Schwiegervater beim Veranstalten seiner Schulungen.

Seit 2022 bin ich als Nachfolger seines über 40jährigen Wirkens als Vorstand unseres hiesigen Imkervereins gewählt worden und nach meiner Vorstellung beim Kreisvorstand bin ich auch zum Schulimkerprojekt hinzugekommen. Dazu beigetragen hat sicherlich das Elektrotechnik-Studium mit Fachrichtung Nachrichtentechnik, das unter anderem die damals aufkommende Mikrocontrollertechnik gestreift hat und mich im beruflichen Werdegang von Kundenprojekten mit angewandter Datenübertragungstechnik über den Internethype bis hin zu richtungsweisenden IT-Projekten im Service eines großen Konzerns gebracht hat.

Elektronik als angewandtes Hobby hat mich nie losgelassen. So habe ich alles Mögliche repariert, dazugelernt, Heim und Garten teils automatisiert und Dinge gebastelt, die es nicht leicht zu kaufen gibt. Dabei habe ich mich von Zeitschriften anregen lassen.

6.11.2 Worum geht es im Schulimkerprojekt?

Der Anfrage, in die Runde der Schulimker hineinzuschnuppern, bin ich gern gefolgt. In den Besprechungen wurde transparent, wie viel theoretische und praktische Imkerei mit den Schülern möglich ist und wie umfangreich die Arbeitsgruppen zum Thema sind.

Es gibt ein gutes Gefühl, wenn die vorgestellte Theorie tatsächlich in der praktischen Umsetzung erlebbar wird. Es weckt Interesse und Aufmerksamkeit, an Prozessen mitzuwirken, die funktionieren bzw. schiefgehen, wenn man die Leitplanken verlässt.

Im aktuellen Zeitalter, in dem ohne Handy und App für Schüler fast alles langweilig ist, wird es wieder interessant, wenn man elektronische Hilfsmittel einbezieht, durch die das Bienenjahr messtechnisch begleitbar und nachweisbar wird. Als Schüler hat für mich ein Jahr sehr lange gedauert, weil jeder Tag viel Neues mit sich brachte. Nach dem Erleben vieler Jahreswechsel fühlt sich ein Jahr viel überschaubarer an. Um unabhängig vom persönlichen Zeitempfinden zu werden und ein Bienenjahr sachlicher bewerten zu können, stellte sich mir die Frage, ob man solche Messtechnik selbst bauen kann?

Ein guter Punkt für MINT-Klassen: Überlegen, wie man das angehen kann?

Die Menge der Bienen im Stock variiert im Verlauf des Tages und über das Jahr, damit ändert sich auch das Gewicht. Sie tragen Honig ein und verbrauchen ihn wieder – teilweise oder ganz. Der Imker nimmt Honig heraus oder füttert Ersatz nach. Das Volk wird im Frühjahr größer bzw. im Winter wieder kleiner. Ein Volk mit einer mehrjährigen Königin neigt eher zum Schwärmen als ein junges Volk.

Das lässt sich gut zeitlich aufzeichnen, und noch viel mehr: Temperatur und Luftfeuchte im Stock und außerhalb. Luftdruck, Regen und ggf. Windgeschwindigkeit und -richtung stehen für Wetterdaten.

Die Bienen sammeln ab Sonnenaufgang bis Sonnenuntergang bei geeignetem Wetter. Die Länge eines Tages variiert im Jahr und auch das Angebot an Blüten.

Kurz vor einem anstehenden Gewitter fliegen sie wieder in den Stock zurück. Die Umweltparameter kann man in Relation zur Anzahl der ein- bzw. ausfliegenden Bienen stellen.

Lässt sich das Schwärmen anhand von Messwerten vorhersagen? Vielleicht mit Auswertung von Tönen aus Weißelzellen? Zwar gibt es hier erste Ansätze, sogar schon Patente, aber es liegen noch keine fundierten Daten vor, mit denen sich diese Fragen abschließend beantworten ließen.

Welche Vegetation steht im Flugradius zur Verfügung? Es bieten sich kurze Ausflüge an, um das zu erkunden. Oder die Schüler mikroskopieren eingetragenen Pollen und vergleichen Pollen aus gesammelten Blüten. Eine Messung des Leitwertes des Honigs wäre sicherlich auch ein spannendes Experiment – einmal im Frühjahr und einmal, wenn es lange feucht war und „Waldhonig" gibt.

Ihr seht selbst, man kann viel untersuchen, wenn eine Messtechnik zur Verfügung steht.

Diese Gedanken sind nicht neu und es gibt schon einige Systeme, die dafür ausgerichtet sind, z.B. das Trachtnet. Doch der Stückpreis für eine Stockwaage mit weiteren Sensoren hat es in sich, und das System kann, wofür es entwickelt wurde.

Es ist ein spannender Ansatz, mit den Schülern selbst ein bezahlbares und quelloffenes System (nach)zubauen, das bei Bedarf sogar noch eigenständig erweitert werden könnte. Hier kommt die offene Plattform beelogger ins Spiel. Unser Kreisvorstand ist dahingehend gut vernetzt, hat für das Projekt bei den Schulimkern geworben und eine Finanzierung der Bauteile organisiert.

Im Frühjahr 2023 habe ich die offenen Quellen intensiv „studiert", um alles zu verstehen und einzuschätzen, ob das so nachzubauen ist und wie teuer ein Selbstbau werden würde. Mir ist klar geworden, welche der Funktechniken für den Anwendungsfall passend und geeignet sind – auch im Hinblick auf laufende Kosten, wie sie zum Beispiel bei der Variante mit SIM-Karte anfallen.

Checkliste

- Generiert das System auf lange Sicht verlässlich die gewünschten Messwerte?
- Kommen diese verlässlich beim datenloggenden Server an?
- Welche Fallstricke gibt es, die nicht auf den ersten Blick zu sehen sind?
- Wie steht es mit der Datensicherheit, wenn das Schulnetz einbezogen werden sollte?

Im Kreisverband habe ich einen zweiten sehr geschätzter Mitstreiter kennengelernt, der unschlagbare Fähigkeiten bezüglich Mikroelektronik hat.

Die Coronawelle hatte noch die Auswirkung, dass bestimmte elektronische Baugruppen nicht oder nur schwer zu beschaffen waren. So haben wir zum Beispiel den Speicherchip auf den Echtzeitmodulen selbst gegen einen mit mehr Kapazität ausgetauscht, was Voraussetzung für eine gewisse Fehlertoleranz bei Störungen der Funkanbindung ist. Auch die Firmware (hardwarenahe Software) musste wieder auf einen dedizierten[3] Stand gebracht werden.

---

3   Dedizierter Stand: ein spezifisch zugewiesener, aufgabenbestimmter Stand der Hard- und Software.

Nach dem Zusammenlöten von wenigen Prototypen der WLAN-Variante und dem mechanischen Bau mehrerer Stockwaagen habe ich Testläufe über ein paar Wochen durchgeführt und Erfahrung mit der Reichweite und der Anbindungsstabilität basierend auf der Funkfeldstärke und den Steckverbindungen gesammelt, schließlich Ansätze für Optimierungen gefunden und zwischenzeitlich eine Serverkomponente nachempfunden mit der Idee, dass das eine Lösung mit datensicherheitstechnischem Hintergrund sein könnte. Dann folgten Mobilfunk-Varianten mit Akku und Solar für Völker mit Standort in der freien Flur.

6.11.3 Aufbau Elektronik in den Schulklassen

Alsbald sollte die Elektronik mit den Schülern nachgebaut werden. Mein Mitstreiter hatte ebenso gebastelt, LoRa (Long Range Wide Area Network – drahtloses Netzwerk mit längerer Reichweite als WLAN) ausprobiert und mit viel zeitlichem Einsatz bereits Bausätze für die Schulklassen zusammengestellt, die die Universalplatine, Bauteile und Baugruppen enthielten.

Zuerst geht es um das Zusammenlöten der Elektronik für den beelogger, der die Messdaten erfasst. Wie das zeitlich effektiv geht und im Ergebnis zu funktionierenden Platinen führt, sollte allen unseren „Azubis" vermittelt werden - und es soll Spaß machen.

So hatte ich die Idee, ein USB-Mikroskop und einen Beamer mitzunehmen, um für alle gut visualisieren zu können, wie man gute Lötstellen herstellen kann. Für mich überraschend waren in den Schulen große Tafel-Bildschirme vorhanden, die für den Zweck perfekt nutzbar waren.

Allem voran sollte der Sinn des Aufbaus der Elektronik den Schülern (und begleitenden Lehrern) transparent gemacht werden. Mit einem Einflieger aus ein paar Powerpoint-Folien ließen sich kurz die Parameter eines Bienentages bzw. Bienenjahres erläutern und was man dabei gut messen kann. Die Sensorik für Gewicht, Temperatur und Luftfeuchte wurde demonstriert und die fertig aufgebaute Platine in Bild und als greifbares Stück Hardware gezeigt. Nach anfänglichem Werben um Aufmerksamkeit konnten alle Anwesenden mitgenommen werden.

Dann haben wir unter Zuhilfenahme des USB-Mikroskops in Verbindung mit dem Tafel-Bildschirm „richtiges" Löten – ohne kalte Lötstellen – gezeigt und sind der nicht zu unterschätzenden Frage nachgegangen, was die richtige Reihenfolge beim Löten der Bauteile und Baugruppen ist. Das Löten haben viele in der Form so plakativ zum ersten Mal gesehen, und alle folgten sehr gespannt den Ausführungen.

- Zuerst werden die – aus mechanischer Sicht – niedrigsten Bauteile verarbeitet und die Drahtbrücken und überstehenden Drähte vernünftig abgeknipst.
- Danach folgen die nächsthöheren Bauteile, die Widerstände. Deren Farbcodierung wurde kurz erläutert. Man kann sie mit einem Messgerät nachmessen, um sicherzustellen, dass die Bauteile mit den richtigen Werten an den vorgesehenen Stellen eingesetzt werden.
- Anschließend kommen die Pfostenleisten: Zunächst ein Pin, die Leiste muss gerade und schlüssig aufliegen, dann ein zweiter Pin (Lage prüfen, ggf. korrigieren) und dann die restlichen Pins. Bei aktiven Bauteilen wie Transistoren und dem Spannungsregler muss mit einer Zange möglichst die während des Lötens weitergegebene Hitze abgeleitet werden.
- Am Schluss folgen die Bauteile mit großer Höhe.

Auf dem Tafel-Bildschirm wurde ständig der Fertigungsvorgang der Platine gezeigt – als Muster.

Den Kindern machte das Löten sichtlich Spaß und in den Gruppen wollte jeder einmal drankommen. Eine Lehrerin, die mit Berührungsängsten bezüglich Technik startete, bestätigte ebenso wie die Kinder, dass das Löten mit den ausgeplauderten Kniffen eigentlich ganz einfach war – und sie hat ebenso Freude am Basteln gefunden. Ein paar Ausnahmen hatten tatsächlich schon Erfahrung mit dem Löten und meinten, dass die Tipps „Klasse" wären. Sie haben dann flott und aus elektronischer Sicht ordentlich gelötet.

Es brauchte mehrere Schulstunden, bis die Lötarbeiten fertiggestellt waren. Dies mag dem Erlernen der Fertigkeiten und der Menge der Bauteile geschuldet sein. Die Lehrer:innen berichteten, dass die Kinder fragten, wann wir mit ihnen wieder weitermachen würden.

Die nächsten Schritte waren leider nicht mehr im Schuljahr unterzubringen, sie werden im darauffolgenden Schuljahr fortgesetzt.

6.11.4 Wie kommt die elektronische Stockwaage hinzu?

Zur Herstellung einer der wesentlichen Sensoren für das Gewicht, der elektronischen Stockwaage, werden elektronische Wägezellen und Aluminiumleisten zusammengeschraubt. Die Metallarbeiten wie das Absägen des Metalls und die präzise Platzierung der Bohrungen für die Verschraubung sind ohne geeignete Maschinen in der Schule schwierig. Deshalb haben wir zuhause Prototypen hergestellt. Für höhere Stückzahlen wurde ein Metallbauer beauftragt.

Das Zusammenschrauben kann in der Schule erfolgen.

6.11.5 Inbetriebnahme des beeloggers

Die beelogger-Elektronik muss noch in ein Gehäuse eingebaut und die Sensoren und Stockwaage angeschlossen werden. Die Stockwaage ist noch mit Referenzgewichten zu eichen.

Schließlich wird für jeden Sensor an jedem beelogger mit einem Testscript sichergestellt, dass dieser funktioniert – das kann teils gebündelt erfolgen.

Für die Funktechnik fiel die Entscheidung auf die Variante mit SIM-Karten, weil das Mobilfunknetz quasi überall verfügbar ist.

WLAN hat nur eine bedingte Reichweite und ist unter sicherheitstechnischen Aspekten nicht gut für das Schulnetz geeignet.

LoRa-WAN wäre eine gute Alternative, sie hat jedoch den Nachteil, dass es nicht flächendeckend WLAN-Gateways gibt, die die Signale aufnehmen, bzw. dass in firmeneigenen Gateways unsere Signale ausgefiltert würden, was bedeutet, dass das Schulprojekt eigene Knoten für den Empfang aufstellen müsste. Bei dieser Technik ist wegen des Energiesparmodus auch kein Rückkanal vorgesehen, so dass eine Fernkonfiguration des beeloggers nicht möglich wäre.

Wir lösten noch ein Problem mit der Variante Mobilfunk. Seitdem werden Daten gesammelt und die diesjährigen Messwertkurven können mitgelesen und bewertet werden. Auch die grundlegende Voraussetzung „Bienenvölker und Aufstellorte an den Schulen" sind für das nächste Bienenjahr geschaffen. Bei den Lehrern erfolgt ebenso in Teilen ein Wechsel, so gehen wir immer wieder mit geänderten Voraussetzungen zum Thema um. Es bleibt spannend.

6.11.6 beelogger außerhalb der Schulen

Nach der Lernkurve mit dem beelogger in den Schulen werden einige Exemplare nun bei unseren befreundeten Instituten eingesetzt.

Ein Einsatz bei interessierten Imkern im lokalen Verein wird ebenso vorbereitet. Wichtig ist, dass wir die Komponenten gut kennen, um im Problemfall schnell zu wissen, wo wir korrigierend eingreifen können.

Erfolgreiches Schulimkern mit wissenschaftlichen Methoden und super Ergebnissen und Erkenntnissen!

Wünscht Ihnen

Dipl.-Ing. (FH) Werner Jäger

6.12 Auch wir Lehrer lernen im Bienen-Projekt

von Hans Joachim Buggenhagen

In den dargestellten Projektbeispielen spiegelt sich anschaulich wider, mit welchem Engagement die Lehrerinnen und Lehrer gemeinsam mit den Schülerinnen und Schülern die Bienen-Projekte mit Leben erfüllten und dabei auch die übrigen direkt oder indirekt Beteiligten mit ihrer Begeisterung ansteckten. Diese Projektarbeit setzte eine ausgeprägte Motivation voraus, eine positive Einstellung zum Erhalten der Umwelt und die Bereitschaft, sich auch neues Wissen besonders über das Leben der Bienen und die Arbeit der Imker anzueignen.

Leider sind solche erfolgreichen Vorhaben häufig lediglich Insellösungen in unserer Schullandschaft.

Es zeigt sich daher, dass es wichtig ist, den Lehrkräften Mut zu machen, solche Vorhaben zu initiieren, die unausbleiblichen Probleme zu lösen, die Lernenden zu motivieren und selbst (wieder) zu Lernenden zu werden.

Wie auch in nahezu allen anderen Berufen sind besonders auch die Lehrkräfte mit den Erfordernissen des selbstgesteuerten lebenslangen Lernens konfrontiert.

Das zeigt unter anderem in der Aussage von Frau Neumann:

Mein einziges Erlebnis mit Bienen lag Jahre zurück. Ich war barfuß über eine Wiese gelaufen und dabei auf eine Biene getreten. ... Sie wusste nur wenig über Bienen und darüber wie diese zu halten sind.

Oder in der Erkenntnis von Amancay Greulich:

"Zunächst einmal wurde mir schnell bewusst, dass ich trotz meines Studiums und all dem Wissen über Bienenanatomie und Lebensweise, keine Ahnung hatte, was ein Imker eigentlich so alles macht. Mein erster Schritt war nun, diese Wissenslücke zu schließen und dies nicht nur über das Studium diverser Literatur. Ich meldete mich beim örtlichen Imkerverein, um die Imkerei hautnah erleben zu können." (siehe Seite 117)

Ähnliche Erfahrungen sammelte Yvonne Gärtner,
die ihr Wissen durch Lernen miteinander und voneinander sowie in den Anfängerkursen für Imker erwarb (siehe Seite 92).

Auch die Kreativitätstechniken, um verschiedene Lösungsmöglichkeiten in der Projektarbeit zu ermitteln, waren für die Beteiligten kaum bekannt.

Ähnlich verhielt es sich mit der Kenntnis über die einzuhaltenden Gesetze und Bestimmungen.

Ein völlig neuartiges Erlebnis war das gemeinsame Bestücken von Leiterplatten für die Digitalisierung der Imkerei.

Selbstverständlich bildet das Pädagogikstudium die breite Grundlage für die spätere Arbeit der Lehrkräfte. Aber auch das Studium kann nicht das breite Spektrum der später erforderlichen oder wünschenswerten Kompetenzen abdecken.

Ähnlich, wie für die Arbeit der Schüler und ihrer Betreuer im Bienen-Projekt infrastrukturelle Bedingungen erforderlich sind (siehe Kapitel 4), müssen auch für das projektintegrierte Lernen der Pädagogen im Bienen-Projekt die notwendigen infrastrukturellen Bedingungen gewährleistet sein (siehe Seite 45).

Zu diesen fördernden Bedingungen zählen besonders:

- Eine fördernde und anerkennende Haltung der Schulleitung,
- die Akzeptanz im Kollegium,
- die Berücksichtigung der Projektaktivitäten in der Stundenplangestaltung und bei der Ferienplanung,
- das Ermöglichen des Besuches projektbezogener Lehrveranstaltungen an Hochschulen,
- das Ermöglichen des Besuches projektbezogener Tagungen und Veranstaltungen,
- die Vergütung der projektbezogenen Reisekosten und Beiträge und
- das Ermöglichen des Zugangs zum Internet und damit zu Datenbanken und Fachinformationen.

Die Bildungsinhalte des projektintegrierten Lernens ergeben sich weitgehend aus den jeweils aktuellen lernfordernden Situationen. Dabei sind gleichzeitig die Aspekte einer nachfolgenden und nachhaltigen Nutzung der zu erwerbenden Kompetenzen zu berücksichtigen.

Unter der nachhaltigen Wirkung des Kompetenzerwerbs sind unter anderem

- der Einsatz des erworbenen Fachwissens in der eigenen Unterrichtstätigkeit,
- die gewonnenen Führungserfahrungen,
- die Fertigkeiten in der Projektorganisation,
- die erworbenen bzw. veränderten persönlichen Einstellungen zum Schutz der Umwelt und
- die Integration in regionale und fachspezifische Netze
zu verstehen.

Die „Bienen in der Bildung" reihen sich mit anderen Vorhaben wie zum Beispiel der „Schule im Wald" (Vangerow 1930) und dem „Kindergarten im Wald" (Franz 2021) in die Aktivitäten ein, die das Verständnis mit der Natur und mit dem Engagement zum Erhalten der Natur wecken sollen. Daher ist es möglich, auch aus den Erfahrungen und Erkenntnissen ähnlicher Projekte Schlussfolgerungen für die eigene Projektarbeit und für die dazu erforderlichen Kompetenzen zu ziehen.

Zur Notwendigkeit des Erweiterns der Kompetenzen der in umweltorientierten Projekten einbezogenen Pädagogen schreibt Vangerow im Kapitel „Auch Schulbetreuung will gelernt" sein:

„Insbesondere drei Schwachstellen ergaben sich beim bisherigen Zusammenwirken zwischen den Förstern aller Laufbahnen und der Lehrerschaft:

▶ Nur wenige Forstleute hatten schon Einblick in die jeweils gültigen Schullehrpläne für Heimat- und Sachkunde sowie Biologie (und Erdkunde) genommen und kannten die Lehrvorgaben für die einzelnen Jahrgangsstufen.

▶ In Unkenntnis der dem Lehrer während seiner Ausbildung vermittelten Biologiekenntnisse, die insbesondere im Bereich der Waldkunde zu gering sind, unterschätzen die meisten Forstangehörigen die Schwierigkeiten vieler Lehrkräfte, trotz aller pädagogischen und didaktischen Schulung die Lebensgemeinschaft Wald der Schuljugend möglichst vertraut zu machen.

▶ Meist geben die Lehrer vor Unterrichtsgängen oder zeitweiser Wandertagbegleitung den Forstleuten zu wenig Vorgaben für einen gezielten Unterricht vor Ort." (Vangerow 1930, S. 69)

Diese Aussagen können – analog – teilweise auf die Imkerei und auf die Zusammenarbeit von Lehrkräften und Imkern übertragen werden.

Vangerow formuliert zur Zielstellung der Arbeit der Pädagogen:

„Für den einzelnen und die Menschheit insgesamt sind die Beziehungen zur Umwelt zu einer Existenzfrage geworden. Es gehört daher auch zu den Aufgaben der Schule, bei jungen Menschen Bewusstsein für Umweltfragen zu erzeugen, die Bereitschaft für den verantwortlichen Umgang mit der Umwelt zu födern und zu einem umweltbewussten Verhalten zu erziehen, das über die Schulzeit hinaus wirksam bleibt." (Vangerow 1930, S. 57)

Zum methodischen Vorgehen vermerkt Vangerow:

„Da es sich bei der Biologie aber letztlich um Umweltvorsorge handelt, die bloß aus besserem Naturverständnis erwachsen kann, hat der Fachlehrer jede Möglichkeit zur Interpretation im Gelände auszunützen. Selbst die Stadtkinder lassen sich hierfür leicht erwärmen, wenn es gelingt, durch Vorfreude ihre Neugier zu wecken." (Vangerow 1930, S. 58)

Zur Verfügbarkeit besserer Unterrichtsmittel sieht Vangerow eine enge Zusammenarbeit zwischen den Lehrerinnen und Lehrern mit den Forstleuten (in unserem Fall mit den Imkern) bei der Herausgabe von Büchern und dem Erarbeiten von Handreichungen für erforderlich. (Vangerow 1930, S. 70–105)

Hohe Anforderungen an die betreuenden Pädagogen in ihrer Arbeit im Waldkindergarten formuliert auch Margit Franz (Franz 2021). Diese Hinweise sind analog auch auf die Bienen-Projekte übertragbar.

Dazu gehören unter anderem:

- Ein ökologisches und biologisches Grundwissen (siehe „Die personellen Voraussetzungen"),
- Grundkenntnisse über die gesundheitlichen Gefahren in der Projektarbeit (einschließlich der Erste Hilfe –Maßnahmen) (siehe „Die personellen Voraussetzungen"),

- Grundkenntnisse im Umgang mit den Arbeitsmitteln (Werkzeugen) (siehe „Die personellen Voraussetzungen"),
- die Bereitschaft und die Fähigkeit, der Neugier der Kinder und Jugendlichen zu folgen und mit überraschenden Situationen umzugehen,
- die Kinder und Jugendlichen zum schöpferischen Denken und Tun zu befähigen (siehe Seite 52 f. und 100 ff.) und
- die Eltern in die Projektarbeit einzubeziehen und sie (nebenbei) auch für den Schutz der Umwelt zu begeistern (siehe Seite 152).

Die Notwendigkeit für das Erwerben von Kompetenzen für die berufliche Arbeit und speziell für das Realisieren von Projekten ähnelt sich in allen Tätigkeitsbereichen. Das jeweils aktuell erforderliche Wissen und Können ist im Wesentlichen durch das weitgehend selbstgesteuerte berufsbegleitende Lernen zu erwerben.

Nach meinem Pädagogikstudium führte mich der Weg über den Einsatz als Physik- und Mathelehrer in die Berufsausbildung. „So nebenbei" war ich bestrebt, die Lernenden auch für die Rationalisierung der eigenen Arbeit und besonders für Verbesserungsvorschläge zu motivieren und zu befähigen.

Der Bezug zur Umwelt und zu den handwerklichen Grundfertigkeiten ergab sich bei mir aus der Verbindung zur bäuerlichen Wirtschaft. Daraus lässt sich auch mein Interesse an den Bienen-Projekten ableiten.

Ein weiterer Bezug zu Umwelt- und speziell zu Bienen-Projekten besteht darin, dass meine Arbeit in der Aus- und Weiterbildungsforschung als Leiter des ITF Schwerin sehr stark an die Realisierung von Projekten gebunden ist. Der Erfolg der Forschungs- und Gestaltungsvorhaben hängt wesentlich davon ab, wie es gelingt, Netzwerke besonders zu den zu betreuenden Bildungseinrichtungen, zu Kolleginnen und Kollegen in Hoch- und Fachschulen, zu regionalen und nationalen Entscheidungsträgern und zu internationalen Partnern aufzubauen und nachhaltig zu gestalten.

Die Öffentlichkeitsarbeit hat besonders für die Projektarbeit eine Mehrfachfunktion. Sie ist ein wichtiges Mittel zum Transfer der eigenen Arbeitsergebnisse, sie dient dem Erfahrungsaustausch mit Fachkolleginnen und -kollegen und begründet den fachlichen Ruf der eigenen Einrichtung. Neben der Herausgabe von Druckerzeugnissen und der Zusammenarbeit mit der regionalen Presse ist das Auftreten auf Fachtagungen sehr wirksam.

Aus den Erfahrungen der bisher betreuten Bienen-Projekte und aus analogen Umweltprojekten sowie aus den langjährigen Erkenntnissen der Forschungs- und Gestaltungsarbeit auf dem Gebiet der Aus- und Weiterbildung speziell im Innovationstransfer- und Forschungsinstitut ITF Schwerin lassen sich besonders folgende verallgemeinerungsfähige Schlüsse auf die erforderlichen Kompetenzen und deren Erwerb ziehen:

1. Ein Projekt beginnt bei der Idee für das Projekt.
   Eine der Möglichkeiten ist das Erteilen (oder das Empfehlen) von Aufgabenstellungen für die Durchführung eines Projektes. Häufiger und interessanter ist das eigene Finden oder Erkennen eines zündenden Gedankens. Dabei kann die Idee entweder aus einem Zweck-Mittel-Zusammenhang oder aus einem Mittel-Zweck-Zusammenhang „entspringen".
   Als Frau Neumann die Widersprüche zwischen den Zielen der Schüler und der Schulleitung sowie zwischen Demonstrieren und Handeln für die Umwelt zu lösen hatte, war das Bienen-Projekt das Mittel für den Zweck, also dem Lösen der Problemsituation.
   Der Mittel-Zweck-Zusammenhang ergibt sich, wenn aktuelle Förderprogramme oder Fördermittel verfügbar sind und dafür geeignete und aussichtsreiche Aufgabenstellungen zu suchen sind. Solche Situationen können sich zum Beispiel im Rahmen des Programms „Jugend forscht" ergeben.
   Die Lehrer und Betreuer müssen dazu eine ausreichende **Problemsensibilität** entwickeln.

Aus erfolgreichen Projektaktivitäten kann die **Motivation** für das Erkennen von Projektideen weiter gefestigt werden.

2. Die Basis für eine erfolgreiche Projektarbeit ist das Präzisieren der Aufgabenstellung für das vorgesehene Projekt, also das gründliche **Diagnostizieren der Problemsituation.**
Dabei sind zwei Seiten zu berücksichtigen:
   - Die Bearbeitung des Projektes selbst und
   - die im Rahmen der Projektarbeit zu gewinnenden Kompetenzen der Projektbetreuenden.

Für die Präzisierung der Aufgabenstellung zur Bearbeitung des Projektes können die Erfahrungen der Innovationsmethodik genutzt werden. Dabei haben sich besonders folgende Fragen bewährt:
   - *„Welchem konkreten Zweck soll das Ergebnis dienen und welche Bedürfnisse soll es befriedigen?*
   - *Welche Widersprüche sind zu lösen?*
   - *Welches Ergebnis soll erreicht werden?*
   - *In welcher Form soll es vorliegen?*
   - *Welche qualitativen und quantitativen Kenngrößen sind zu erreichen?*
   - *Wann sollen das Ergebnis bzw. die Zwischenergebnisse vorliegen?*
   - *Was darf das Projekt kosten?*
   - *Welche Voraussetzungen sind für die Bearbeitung zu schaffen?*
   - *Was liegt bereits vor und ist verfügbar?*
   - *Welche Nebenwirkungen könnten auftreten?*
   - *Welche der Nebenwirkungen sind erwünscht und welche sind unerwünscht?*
   - *Unter welchen Umständen erfolgt die Problembearbeitung?"*

(Busch *et al.*, 2023, pp. 74–77)

Die Projektbetreuenden müssen über die Kompetenz verfügen bzw. sich die Kompetenz aneignen, eine Ablauf-Zeit-Planung einschließlich der benötigten Ressourcen, also der erforderlichen Infrastruktur, durchzuführen. Neben dem Balkendiagramm sollte für umfangreichere Vorhaben auch die Netzplantechnik eingesetzt werden. In diese Planung können auch die Schüler der oberen Klassen einbezogen werden.

Für die im Rahmen der Projektarbeit zu gewinnenden Kompetenzen der Projektbetreuenden ist zunächst eine Situationsanalyse erforderlich. Für die selbst zu gewinnende **Situationsanalyse** im Rahmen des projektintegrierten Lernens gilt dazu allgemein:

Die Situationsanalyse erfolgt nicht gleich als Analyse einer Lernsituation. Zunächst sind vielmehr die Anforderungen und Bedingungen eines Tätigkeitsbereiches zu analysieren.

Der auf das selbstorganisierte Lernen gerichtete Teil der Situationsanalyse schätzt ab, welche Informationen zur Bearbeitung bzw. Beherrschung der Situation erforderlich sind und welche Informationen bei der Bearbeitung gewonnen werden können.

Aus dem Vergleich zwischen den Anforderungen und den eigenen Voraussetzungen kann der individuelle Lernbedarf abgeleitet werden, der zu Lernabsicht und Lernziel führt." (Buggenhagen, 2023, p. 51)

3. Für das „Managen" des Umweltprojektes ist es sinnvoll, dass die Lehrenden und Betreuenden ein imkerliches Grundwissen erwerben bzw. festigen. Dabei ist ein gewisser Vorlauf im Kompetenzerwerb gegenüber den übrigen Projektbeteiligten erforderlich, um die Schüler sachkundig zu führen und das Projekt auch nach außen glaubwürdig vertreten zu können. Für Frau Neumann war dabei der Imker Klaus ein versierter Lehrender und Unterstützer.

4. Ein Projekt lebt davon, dass im Verlauf der Bearbeitung neue Ideen entwickelt und letztlich im Projektergebnis präsentiert werden. Frau Neumann hatte das Glück, eine ehemalige Studienkollegin an der Technischen Hochschule wiederzutreffen. Durch interessante Gespräche und den Besuch von Vorlesungen konnte Frau Neumann ihr Wissen über Kreativitätstechniken auffrischen und ihre damit erweiterten Kompetenzen erfolgreich im Projekt einsetzen.
5. Die Lehrenden müssen die Befähigung festigen, die Schüler – neben der Vermittlung der projektspezifischen Fähigkeiten und Fertigkeiten – besonders auch das Lernen zu lehren.
   Dazu gehört neben der Motivation der Projektteilnehmer auch das Vermitteln von Lerntechniken. (Busch, Busch and Busch, 2023, pp. 52–60)
6. Während des Pädagogikstudiums wird auch das Training zur Befähigung des Lösens von Konfliktsituationen nicht oder nicht ausreichend berücksichtigt.
7. Bereits im Prolog dieses Buches werden mehrere Widersprüche deutlich dargestellt. Neben den Möglichkeiten der Supervision im Kollegium sollten zum Erwerb der Konfliktlösekompetenz auch die Weiterbildungsveranstaltungen genutzt werden. Zunehmend wird diese Kompetenz nicht nur in der Projektarbeit dringend benötigt.
   In den Beispielen der Kapitel 6.3 bis 6.11 wird deutlich, dass die Bearbeitung der einzelnen Projekte nicht oder nur selten isoliert erfolgte, es wurde zu weiteren Partnern eine mehr oder weniger enge Zusammenarbeit angebahnt und häufig über die Projektlaufzeit hinaus gepflegt.
   In Kapitel 4.5 wird die Suche von Frau Neumann nach geeigneten Projektpartnern beschrieben. Die Fertigkeit, ein arbeitsfähiges **Partnernetz aufzubauen** und funktionsfähig zu erhalten, gehört mit zu den Kompetenzen, die im projektintegrierten Lernen erworben bzw. gefestigt werden können und sollten.

Die Vorgehensweise von Frau Neumann lässt sich wie folgt verallgemeinern:
- Die Suche nach geeigneten Projektpartnern im Internet,
- die gezielte Suche in der Webseite des Deutschen Imkerbundes,
- die Ermittlung von Lieferfirmem und Verkaufseinrichtungen für den Imkerbedarf,
- die Recherche in relevanten Hochschulen und Forschungseinrichtungen,
- die Kontaktaufnahme mit regionalen Ämtern und Verwaltungen,
- die Recherche nach geeigneten Förderprogrammen,
- der Kontakt mit Fördermittelbgebern und
- die Suche über Kollegen und Bekannte.

Dem Ermitteln geeigneter Projektpartner schließen sich
- der Netzwerkaufbau und die Netzwerkpflege,
- das Motivieren der Netzwerkpartner,
- das Binden der Netzwerkpartner in Vereinbarungen und gegebenenfalls in Verträgen,
- das dauerhafte Gestalten der relevanten Bindungen im Partnernetz besonders durch gemeinsam erzielte Ergebnisse und Erfolge sowie durch eine abgestimmte Pressearbeit an.

8. Die Öffentlichkeitsarbeit ist gezielt einzusetzen, um die eigenen Erfahrungen für andere Projekte nutzbar zu machen, weitere potenzielle Partner zu interessieren und die Allgemeinheit für eine aktive Umweltarbeit zu aktivieren.

Neben dem eigenen Erstellen der Präsentation im Internet sind besonders die regionale Presse,
die Veröffentlichungen in Fachzeitschriften sowie Beiträge im Radio und im Fernsehen zu nutzen.

In der Bearbeitung des Bienen-Projektes wurde deutlich, dass diese Projektarbeit mit umfangreichen Lernprozessen für alle Beteiligten verbunden war. Das im Studium und in der täglichen Bildungs- und Erziehungsarbeit erworbene Wissen und Können musste durch einen projektintegrierten Kompetenzerwerb vertieft und erneuert werden. Uns liegt damit ein anschauliches Beispiel für den selbstgesteuerten lebenslangen Kompetenzerwerb vor.

In dieser lernfordernden Situation müssen alle direkt und indirekt in das Projekt Einbezogenen dazu beitragen, die erforderlichen lernfördernden Bedingungen zu schaffen.

7 Ein vorausschauender Rückblick

Frau Neumann wusste, wenn man einen Berg erklommen hat, kann man nicht nur das Erfolgserlebnis und ein Glücksgefühl genießen, sondern man kann auch auf den eingeschlagenen Weg zurückblicken und dabei eventuelle Umwege und schwierige Wegstrecken erkennen. Bei einem nachfolgenden Aufstieg auf diesen Gipfel könnten die gewonnenen Erfahrungen sehr nützlich sein.

7.1 Nach dem Spiel ist vor dem Spiel – die methodologische Reflektion

Ähnlich kann man nach einer gelungenen Lehrveranstaltung auf den gewählten Weg „von einer höheren Warte aus" selbst zurückblicken und das Erreichen des Zieles, die vermittelten Inhalte, die eingesetzten Methoden und die vorhandene Organisation kritisch reflektieren und bewerten.

Diesen Rückblick bezeichnen wir als **methodologische Reflektion**.

Merkstoff!

Die Methodologie ist die Lehre von den Methoden.
Zum Gegenstandsbereich der Methodologie gehören besonders
- das Definieren des Inhalts des Wissenschaftsgebietes,
- die Einordnung in übergeordnete Wissenschaftsgebiete,

- die Strukturträger (Axiome, Gesetze, Hypothesen),
- die Wege zum Ziel (Methoden, Verhaltensweisen),
- die theoretische Begründung der Methoden,
- die Untersuchung der Struktur der Methoden,
- die Aussagen zur Anwendung der Methoden,
- die Aussagekraft der Methoden,
- das Ordnungsgefüge des Wissenschaftsgebietes
- und die Sprachanalyse des Wissenschaftsgebietes.

Methodisches Denken ist ein in bestimmten Methoden verlaufendes, darin geschultes und so die Methoden bewusst anwendendes Denken.

Methodologisches Denken ist demgegenüber ein die Methoden kritisch reflektierendes Denken. (Klaus 1976)

In der Phase der Nachbereitung hat

- die **Resultatermittlung** die Ergebnisse des pädagogischen Prozesses zu erfassen und
- die **Resultatbewertung** hat als Resultat-Ziel-Vergleich – auf der Basis der ermittelten Ergebnisse – das Erreichen der vorgegebenen Ziele einzuschätzen.

Zur **Bewertung der Lernenden** werden im Buch „Modernes Lernen und Lehren in der beruflichen Aus- und Weiterbildung – Kleiner Didacticus" ausführliche Hinweise gegeben. (Buggenhagen, 2019)

Zur **Bewertung der Lehrenden** sind die Eigenbewertung und die Fremdbewertung üblich und möglich.

Als Anregung zur **Selbsteinschätzung** können folgende Fragen dienen:

- Wie ist es gelungen, die dramaturgische Gestaltung zu realisieren?
- Wie konnte das Interesse der Lernenden am zu erwerbenden Stoff geweckt und wie die Motivation entwickelt werden?

- Wie wurden die Lernenden in das Erarbeiten des Zieles aktiv einbezogen?
- Welche Methoden wurden eingesetzt und wie haben sich diese Methoden als geeignet erwiesen?
- Was hat am Lernumfeld gestört und wie könnten die Bedingungen lernförderlicher gestaltet werden?
- Wie oft wurde in der Stunde gelacht?
- Wie ist der Lernerfolg einzuschätzen?

Die **Fremdbewertung** kann
- durch die Reaktionen der Lernenden,
- durch die Meinungen und Äußerungen im Kollegium und
- durch die Ergebnisse von Hospitationen

zum Ausdruck kommen.

Hospitationen sind ein effektives Instrument, den Prozessverlauf und die Resultate einer Maßnahme ermitteln und bewerten zu können. Sie gestatten einen tieferen Einblick in die Gestaltung und die Ergebnisse von Maßnahmen des Kompetenzerwerbs, da sie besonders die methodischen und sozialen Bereiche abdecken können. (Buggenhagen 2019)

Entscheidend ist es, nach jeder Unterrichtseinheit die eigene Leistung klar zu analysieren und mit einigem Abstand sich selbst einzuschätzen. Die Schlussfolgerungen sollten darauf orientieren

- die erkannten eigenen Stärken weiter auszubauen und
- die eventuell erkannten Probleme als Anlass zu nehmen, um kreativ nach neuen Lösungen zu suchen.

Auch im pädagogischen Prozess gilt – analog zum Sport:

Nach dem Spiel ist vor dem Spiel.

Frau Neumann überlegte daher, wie die Projektidee und die Erkenntnisse aus diesem Projekt wirksam in nachfolgende Vorhaben übertragen werden könnten, um eine nachhaltige Wirkung zu ermöglichen bzw. zu unterstützen.

Eine zentrale Rolle spielte dabei die Frage: Welche Faktoren haben besonders dazu beigetragen, dass unser Projekt so erfolgreich war und weiterhin über eine so ausstrahlende Wirkung verfügt?

Aus ihrer Sicht trugen besonders die folgenden förderlichen Bedingungen zum Erfolg bei:

- die starke Motivation aller Beteiligten,
- das Engagement der Klassenleiterin,
- der demokratische Führungsstil im Projekt, der ein aktives Einbeziehen aller Schüler*innen förderte und forderte,
- die vertrauensvolle Zusammenarbeit mit der Schulleitung und im Kollegium,
- das Einbeziehen der Eltern und Verwandten der Schüler*innen,
- die fachkundige Beratung durch den Imkerverein und seinen Vorsitzenden,
- der Aufbau eines regionalen Netzwerkes mit Unternehmen, Verwaltungen und der Presse,
- die kontinuierliche Präsentation auch von Zwischenergebnissen,
- das ideenreiche Einwerben von finanziellen Mitteln,
- die kollegiale Mitnutzung von Werkzeugen und die günstige Bereitstellung des erforderlichen Materials und
- die rechtzeitige und verständnisvolle Abstimmung mit den angrenzenden Nachbarn und Flächennutzern.

Frau Neumann beschloss, ihre Erfahrungen in einigen Regeln zusammenzufassen, damit für ihre Kolleginnen und Kollegen bei nachfolgenden Vorhaben eine **praktikable Kurzanleitung** (als „Spickzettel") vorliegt. Im Bedarfsfall kann für eine tiefer greifende Information zu den angegebenen Abschnitten und Seiten nachgeblättert werden.

7.2 10 Regeln für eine erfolgreiche Projektarbeit

Damit können - als einem Ergebnis der methodologischen Reflektion - die folgenden 10 Regeln für eine erfolgreiche Projektarbeit abgeleitet und für ähnliche Projektbearbeitungen bereitgestellt werden.

1. **Ermittle eine chancenreiche Projektidee!**
   (siehe auch Kapitel 2)
   - Die Interessen und Kompetenzen der Schüler*innen sind unbedingt zu berücksichtigen.
   - Ein aktueller Bedarf an der Schule (z. B. Schulgarten, Raumgestaltung) ist förderlich.
   - Aktuelle Wettbewerbe und Fördermöglichkeiten (z. B. Jugend forscht) sind zu nutzen.
   - Es sollten möglichst mehrere Projektideen zur Auswahl stehen (Variantenbewertung).

2. **Begeistere die Schüler*innen für das Projekt!**
   (siehe auch Kapitel 2)
   - Nutze bereits vorhandene Hobbies der Schüler*innen.
   - Baue auf ihren gesellschaftlichen und sozialen Einstellungen und Aktivitäten auf.
   - Nutze alle Spielarten der Motivation.

3. **Finde Verbündete!**
   (siehe auch Kapitel 5)
   - Schaffe projektförderliche Bedingungen durch ein Netz von Verbündeten.
   - Nimm die Schulleitung mit ins Boot.
   - Binde das Kollegium in eine fächerübergreifende Projektarbeit ein.
   - Beziehe Eltern, Sponsoren, Verwaltungen, Regionalpolitiker und die Presse ein.

4. **Schaffe die materiellen Voraussetzungen!**
   (siehe auch Kapitel 4.2)
   - Schätze ab, welches Material und welche Arbeitsmittel benötigt werden.
   - Überlege, welche zusätzlichen Lehr- und Lernmittel (einschließlich IT) nötig sind.
   - Stimme ab, ob Mittel aus andren Fächern genutzt werden können.

5. **Kalkuliere den Finanzbedarf!**
   (siehe auch Kapitel 4.4)
   - Hole Angebote von (regionalen) Lieferanten ein.
   - Nutze die Erfahrungen von Experten und aus analogen Vorhaben.

6. **Ermittle und sichere die Finanzierungsquellen!**
   (siehe auch Kapitel 4.4)
   - Ermittle, welche Mittel aus dem Schuletat zur Verfügung bereitgestellt werden könnten.
   - Versuche Sponsoren besonders aus regionalen Unternehmen zu gewinnen.
   - Werbe um Spenden von Eltern und weiteren Partnern im Projektnetz.
   - Nutze die Fördermöglichkeiten der EU, des Landes und des Bundes.

7. **Ermittle gemeinsam mit allen Beteiligten Lösungsideen!**
   Siehe auch Kapitel 5
   - Nutze und stimuliere die Ideen aller Beteiligten in allen Phasen der Projektarbeit.
   - Setze gezielt Kreativitätstechniken für ein projektintegriertes Lernen und Arbeiten ein.

8. **Beachte die zutreffenden Gesetze und Bestimmungen!**
   (siehe auch Kapitel 4.3)
   - Neben der Schulordnung sind die relevanten Gesetze zu ermitteln und einzuhalten.
   - Belehre nachweisbar über die Bestimmungen des Arbeits- und Brandschutzes.

9. **Präsentiere wirksam die Projektergebnisse!**
   (siehe auch Kapitel 8)
   - Nutze dazu Schulfeste, Elternversammlungen und Veranstaltungen in Vereinen.
   - Arbeite mit der regionalen Presse zusammen und nutze gezielt das Internet.

10. **Sichere die nachhaltige Wirkung des Projektes!**
    (siehe auch Kapitel 8).
    - Es ist anzustreben, die Projektidee in nachfolgenden Vorhaben weiterzuführen.
    - Die Projektergebnisse und -erkenntnisse sind zu popularisieren und anzuwenden.

8 Epilog

Der vorläufige Höhepunkt des Bienen-Projektes war die Präsentation der Ergebnisse auf dem Schulfest. Die Schüler zeigten stolz ihre gemalten Bilder, die gebauten Bienenbeuten, die hergestellten Kerzen und natürlich ihren vorzüglichen, cremigen Honig. Dieser fand reißenden Absatz unter den anwesenden Eltern und Großeltern.

> **Lösungsvorschlag**
> Der Honig-Verkauf füllte schnell die „Bienenkasse" und sicherte so die finanziell gesicherte Fortführung des Projektes für die nächsten Jahrgänge.

> **Lösungsvorschlag**
> Der Direktor hatte die Lokalpresse, den Bürgermeister, den Landrat und einige in der Region ansässige Politiker eingeladen und hielt eine bewegte Rede.

Die Schülerinnen und Schüler nutzten im Anschluss die Gelegenheit und präsentierten die im Brainstorming als „nicht oder nicht sofort selbst realisierbaren" identifizierten Ideen gegenüber den anwesenden Volksvertretern. Dabei forderten sie – von sich selbst – und von allen Entscheidungsträgern und gewählten Politikern:

- Nicht nur Worte - sondern Taten!
- Nicht nur reden und versprechen - sondern aktiv werden und handeln!
- Nicht (nur) demonstrieren - sondern gemeinsam realisieren!

💡 Idee

In diesem Sinne kam von Marieke der Vorschlag, die Politiker beim Wort zu nehmen und mit den jungen Kandidaten für Bundestagswahlen und regionalen Wahlen eine Telekonferenz durchzuführen, in der klare Bekenntnisse von ihnen zum Erhalten der Natur initiiert werden sollen.

Einige der Schüler erklärten sich spontan bereit, bei der Vorbereitung und Durchführung einer solchen Telekonferenz mitzuarbeiten, wenn Frau Neumann bereit wäre, die Moderation zu übernehmen.

❯ Lösungsvorschlag

Einige der Schüler hatten sich beim Imkerverein als Jungimker gemeldet und unterstützen diesen nun tatkräftig. Imker Klaus war von ihrem Engagement und Ideenreichtum begeistert. Es waren gute Aussichten für die Imkerei und die Bienen in der Region.

Das auf dem Höhepunkt des Abends aufgenommene Gruppenbild mit den Schülern der 7b, Frau Neumann, Herrn Müller und den Ehrengästen zierte am nächsten Tag die Titelseite der lokalen Zeitung.

Frau Neumann schnitt dieses Bild aus. Sie nahm den Rahmen von der Wand, entnahm die World Scientists' Warning to Humanity von 1992 (Union of concerned Scientists 1992) und rahmte stattdessen das Zeitungsbild.

Als der Rahmen wieder an der Wand hing, trat sie einen Schritt zurück und lächelte zufrieden. Die Warnung war gehört worden.

❗ Wichtig!

Frau Neumann war glücklich mit dem Ergebnis.
Sie hatte etwas getan, etwas für die Umwelt, etwas für die Schüler und, wenn sie ganz ehrlich war: auch etwas für sich.
Das fühlte sich gut an.
Dies war der Anfang.

Aber es gab noch viel zu tun ...

Bild 37: Lehrer Lämpel, Autor: Wilhelm Busch (Busch, 1962, vol. 1, S. 20)

Anhang

Bildverzeichnis

Bild 1: Schnurrdiburr! nach (Busch, 1962, vol. 2, S. 272) 1

Bild 2: Thorsten Glauber - Bayerischer Staatsminister für Umwelt und Verbraucherschutz, Foto: Bayerisches Staatsministerium für Umwelt und Verbraucherschutz 4

Bild 3: Imker Dralles Bienenhaus nach (Busch, 1962, vol. 2, S. 268) 17

Bild 4: Bienen als Baumeister nach (Busch, 1962, vols 2, S. 268) 30

Bild 5: Bienen bei der Brutpflege nach (Busch, 1962, vols 2, S. 269) 42

Bild 6: Anteil der Imker pro 1000 Einwohner (Datenquelle: Statistisches Bundesamt, Grafik: eigene Darstellung). 62

Bild 7: Bienen in der Bildung (eigene Darstellung) 92

Bild 8: Pflege der Bienenkönigin nach (Busch, 1962, vols 2, S. 269) 102

Bild 9: Ein Jungimker bei der Durchsicht eines Bienenvolkes (Foto: Erik Busch). 109

Bild 10: Ein sicherer Standort für unsere Bienen, Fotos: Angelika König 116

Bild 11: Bienenhaus an der Grundschule Hemhofen,
Foto: Yvonne Gärtner. 128
Bild 12: Eine neue Mittelwand wird ins Volk gegeben,
Foto: Sandra Hack. 136
Bild 13: Komplett verdeckelte Honigwabe vor dem Schleudern,
Foto: Sandra Hack 137
Bild 14: Schüler mit Entdeckelungsgabel vor der Honigschleuder,
Foto: Sandra Hack. 138
Bild 15: Beim Waben entdeckeln, Foto: Sandra Hack. 139
Bild 16: Beim Etikettieren des Schulhonigs, Foto: Sandra Hack. ... 140
Bild 17: Bienenstand Realschule Höchstadt,
Foto: Frank Lehmann 145
Bild 18: Treffen bei den Bienen, Foto: Frank Lehmann 148
Bild 19: Löten an der Elektronik des beelogger-Messsystems,
Foto: Frank Lehmann 150
Bild 20: Bewässerung der Streuobstwiese durch Wassersäcke,
Foto: Frank Lehmann 151
Bild 21: Schüler der 9. Klasse beim Fertigstellen des Insektenhotels
aus Paletten, Foto: Frank Lehmann 152
Bild 22: Bau des Rahmens für eine Bienenbeute,
Foto: Frank Lehmann 155
Bild 23: Der Bienen-Standort neben dem Sportplatz.
Foto: Amancay Greulich. 158
Bild 24: Zadant-Beute auf Unterkonstruktion, Smoker und
Stockmeißel, Foto: Amancay Greulich. 162
Bild 25: Das erste Glas Honig aus unserer Gymkerei,
Foto: Amancay Greulich. 163
Bild 26: Das Logo der Schulimkerei Eckental,
Design: Samuel May. 170

Bild 27: Standort der Beuten hinter dem Schulhaus,
Foto: Martin Stradtner. 171
Bild 28: Der Einzug der Bienenvölker, Foto: Martin Stradtner. 175
Bild 29: Die Bienen bei der Honigproduktion (links) und
Vanessa Lang mit einer ausgebauten Wabe (rechts),
Fotos: Samuel May. 176
Bild 30: Prototyp eines beeloggers (Foto: Martin Stradtner)
und Link zum Zeitungsartikel Blum J (2023)
Schul-Imkereien entdecken die digitale Welt,
in: Fränkischer Tag vom 24.02.2023. 179
Bild 31: Reges Treiben bei den Bienen,
Foto: Thomas Bittner-Brehm. 183
Bild 32: Info-Tafeln des Kurses, Foto: Thomas Bittner-Brehm. 188
Bild 33: Projektplan, Foto: Thomas Bittner-Brehm. 191
Bild 34: Etikettieren des Honigs, Foto: Thomas Bittner-Brehm. 197
Bild 35: Volle Honigrähmchen, Foto: Thomas Bittner-Brehm. 198
Bild 36: Von den Schülern entworfenes Etikett,
Foto: Thomas Bittner-Brehm. 199
Bild 37: Lehrer Lämpel, Autor: Wilhelm Busch
(Busch, 1962, vol. 1, S. 20) 231

QR-Code-Verzeichnis

QR-Code 1:	Buch „Lehren und Lernen – Humor als Schlüsselfaktor" (Busch, Busch and Busch, 2023)	33
QR-Code 2:	Buch „Methodik der Innovation" (Busch et al., 2023)	37
QR-Code 3:	Buch „Lehren und Lernen – Humor als Schlüsselfaktor" (Busch, Busch and Busch, 2023)	46
QR-Code 4:	Buch „Lehren und Lernen – Humor als Schlüsselfaktor" (Busch, Busch and Busch, 2023)	47
QR-Code 5:	Buch „Methodik der Innovation" (Busch et al., 2023)	49
QR-Code 6:	Buch „Angespielt: Imkerei" (Busch et al., 2021)	52
QR-Code 7:	Kontakt lokale Fachhändler für Imkereizubehör	55
QR-Code 8:	Bienen an der Schule (Bayerische Landesanstalt für Weinbau und Gartenbau, 2023a)	56
QR-Code 9:	Umwelt im Unterricht - Aktuelle Bildungsmaterialien (Bundesministerium für Umwelt, Naturschutz und nukleare Sicherheit, 2021)	56
QR-Code 10:	Handlungsempfehlung der LWG (Bayerische Landesanstalt für Weinbau und Gartenbau, 2023b)	56
QR-Code 11:	Einstieg in die Imkerei – LWG (Bayerische Landesanstalt für Weinbau und Gartenbau, 2023a)	56
QR-Code 12:	Die pädagogische Gefährdungsbeurteilung (Deutsche Gesetzliche Unfallversicherung, 2023)	57

QR-Code 13: Meldung der Bienenvölker
(Bayerische Landesanstalt für Weinbau
und Gartenbau, 2023b) 57

QR-Code 14: Förderung – Imkern an Schulen
(Bayerisches Staatsministerium für Ernährung,
Landwirtschaft und Forsten, 2023) 59

QR-Code 15: Die Mitgliedsverbände des D.I.B.
(Deutscher Imkerbund, 2023) 61

QR-Code 16: Buch „Das Imkereimuseum von Herzogenaurach
und Umgebung" (Busch, 2024) 69

QR-Code 17: Anregungen der LWG für den Kunstunterricht,
Quelle: (Bayerische Landesanstalt für
Weinbau und Gartenbau, 2023) 70

QR-Code 18: Buch „Wir lernen von den Bienen"
(Busch, Busch and Zelck, 2023) 71

QR-Code 19: Buch „Summs und die Honigbienen"
(Trachmann, 2011). 76

QR-Code 20: Buch „Die geographische Verbreitung der
Honigbiene" (v. Buttel-Reepen, 1915). 79

QR-Code 21: Publikation „Global Patterns and Drivers of
Bee Distribution" nach (Orr et al., 2021). 79

QR-Code 22: Geographische Verteilung der Produktionsmenge
von natürlichem Honig 2021 nach (Brandt, 2023). 79

QR-Code 23: Anregungen der LWG zu Bienen im
Mathematikunterricht,
Quelle: (Bayerische Landesanstalt für
Weinbau und Gartenbau, 2023b) 84

QR-Code 24: Physik des Refraktometers, Quelle: (Kruess, 2023) 85

QR-Code 25: Buch „Honig im Chemieunterricht"
(Binder & Pietzner, 2017). 87

QR-Code 26: Grundwissen Insekten https://www.lernstunde.de/thema/insekten/grundwissen.htm. 87
QR-Code 27: Informationen zum P-seminar (Staatsinstitut für Schulqualität und Bildungsforschung München, 2023a). 88
QR-Code 28: Projektinfo Schulleitung 144
QR-Code 29: Projektinfo Kollegium 144
QR-Code 30: Projektinfo Schüler 146
QR-Code 31: Vorlage Protokoll 146
QR-Code 32: Panzer B (2020) Ein Bienenvolk für die Gymkerei, in: Fränkischer Tag vom 23.03.2020. Verfügbar via inFranken.de. https://www.infranken.de/regional/erlangenhoechstadt/ein-bienenvolk-fuer-die-gymkerei;art215,4982623. Zugriff: 22.07.2024. 164
QR-Code 33: Johnston S (2023) Das Eckentaler Gymnasium produziert nun leckeren Honig, in: Nürnberger Nachrichten vom 11.06.2023. Verfügbar via Nürnberger Nachrichten. https://www.nn.de/erlangen/das-eckentaler-gymnasium-produziert-nun-leckeren-honig-1.13300788. Zugriff: 23.07.2024. 174

Literaturverzeichnis

Bayerische Landesanstalt für Weinbau und Gartenbau (2023a) *Bienen an der Schule, Bienen an der Schule*. Available at: https://www.lwg.bayern.de/bienen/bildung_beruf/084334/index.php (Accessed: 15 September 2023).

Bayerische Landesanstalt für and Weinbau und Gartenbau (2023) *Bienen im Kunstunterricht*. Available at: https://www.lwg.bayern.de/mam/cms06/bienen/dateien/bienen_im_kunstunterricht.pdf (Accessed: 2 November 2023).

Bayerische Landesanstalt für Weinbau und Gartenbau (2023b) *Bienen in der Schule - Grundüberlegungen und Vorarbeiten*. Available at: https://www.lwg.bayern.de/mam/cms06/bienen/dateien/die_vorarbeiten.pdf (Accessed: 16 September 2023).

Bayerische Landesanstalt für Weinbau und Gartenbau (2023a) *Einstieg in die Imkerei*. Available at: https://www.lwg.bayern.de/bienen/haltung/081704/index.php (Accessed: 19 June 2023).

Bayerische Landesanstalt für Weinbau und Gartenbau (2023b) *Meldung der Bienenvölker*. Available at: https://www.lwg.bayern.de/mam/cms06/bienen/dateien/meldung_der_bienenvoelker.pdf (Accessed: 16 September 2023).

Bayerische Landesanstalt für Weinbau und Gartenbau (2023c) *Kurstermine Online-Veranstaltungen*. Available at: https://www.lwg.bayern.de/bienen/bildung_beruf/263162 (Accessed: 3 November 2023).

Bayerisches Landesamt für Statistik (2022) *Bevölkerung Bayern*. Available at: https://www.statistikdaten.bayern.de/genesis/online?operation=abruftabelleBearbeiten&levelindex=1&levelid=169728986 8097&auswahloperation=abruftabelleAuspraegungAuswaehlen&auswahlverzeichnis=ordnungsstruktur&auswahlziel=werteabruf&code=12411-000&auswahltext=&werteabruf=starten&nummer=7&variable=7&name=GEMEIN#abreadcrumb (Accessed: 14 October 2023).

Bayerisches Staatsministerium Ernährung, Landwirtschaft und Forsten (2023) *Anzahl Imker in Bayern*. Available at: https://www.stmelf.bayern.de/landwirtschaft/tierische_erzeugung/imkerei-in-bayern/index.html (Accessed: 14 October 2023).

Bayerisches Staatsministerium für Ernährung, Landwirtschaft und Forsten (2023) *Nachwuchsgewinnung: Imkern auf Probe und Imkern an Schulen*. Available at: https://www.stmelf.bayern.de/agrarpolitik/foerderung/003671/index.php (Accessed: 16 September 2023).

Billig, S. and Geist, P. (2016) *Bedrohte Bienen-Welt - Wenn das Summen verstummt*. Available at: https://www.deutschlandfunkkultur.de/bedrohte-bienen-welt-wenn-das-summen-verstummt.976.de.html?dram:article_id=335034 (Accessed: 21 July 2024).

Brunswig, H. (2019) *Die Säkularisierung der Biene*. Available at: https://hpd.de/artikel/saekularisierung-biene-16839 (Accessed: 21 July 2024).

Buggenhagen, H.J. (2019) *Modernes Lernen und Lehren in der beruflichen Aus- und Weiterbildung – Kleiner Didaticus -*. Schwerin: itf.

Buggenhagen, H.J. (2023) *Kleiner Didaktikus*. 2. Berlin: epubli.

Bundesministerium für Umwelt, Naturschutz und nukleare Sicherheit (2018) *Umwelt im Unterricht - Aktuelle Bildungsmaterialien*. Available at: https://www.umwelt-im-unterricht.de/unterrichtsvorschlaege/bienen-sind-wichtige-helfer/ (Accessed: 16 September 2023).

Bundesministerium für Umwelt, Naturschutz und nukleare Sicherheit (2021) *Umwelt im Unterricht - Aktuelle Bildungsmaterialien*. Available at: https://www.umwelt-im-unterricht.de/unterrichtsvorschlaege/bienen-sind-wichtige-helfer/ (Accessed: 16 September 2023).

Bundesministerium für Umwelt, Naturschutz und nukleare Sicherheit (2022) *BMU Studie „Zukunft? Jugend fragen" - 2021*. Available at: https://www.bmuv.de/fileadmin/Daten_BMU/Pools/Broschueren/zukunft_jugend_fragen_2021_bf.pdf (Accessed: 14 October 2023).

Bundesregierung (2018) *Bienen sind wichtige Nutztiere*. Available at: https://www.bundesregierung.de/breg-de/service/archiv/fleissige-helfer-fuer-die-umwelt-1503780 (Accessed: 14 October 2023).

Bundesverfassungsgericht (2021) *Pressemeldung Nr. 31/2021 vom 29. April 2021: 'Bundesverfassungsgericht. 2021. Verfassungsbeschwerden gegen das Klimaschutzgesetz teilweise erfolgreich'*. Available at: https://www.bverfg.de/e/rs20210324_1bvr265618.html (Accessed: 21 July 2024).

Busch, E. et al. (2021) *Angespielt: Imkerei*. epubli.

Busch, E. et al. (2023) *Methodik der Innovation - Grundrechenarten des kreativen Problemlösens*. Wiesbaden: Grundrechenarten des kreativen Problemlösens. Available at: https://link.springer.com/book/10.1007/978-3-658-42737-5.

Busch, E. (2024) *Das Imkereimuseum von Herzogenaurach und Umgebung*. Berlin: epubli.

Busch, E., Becker, K. and Busch, K.H. (2020) *Das Imkereimuseum von Herzogenaurach und Umgebung*. epubli.

Busch, K.H., Busch, E. and Zelck, K. (2023) *Wir lernen von den Bienen*. 3. Berlin: epubli. Available at: https://www.epubli.com/shop/wir-lernen-von-den-bienen-9783757556297.

Busch, K.H., Busch, S. and Busch, E. (2023) *Lehren und Lernen: Humor als Schlüsselfaktor*. 7. Springer.

Busch, W. (1962) *Dieses war der erste Streich, Band 1, EINS-ZWEI-DREI im Sauseschritt, Band 2, Summa – Summarum, Band 3*. 3rd edn. Berlin: Eulenspiegel Verlag.

Business-biene.de (2023) *Bienen retten geht uns alle an*. Available at: https://business-biene.de/warum-business-biene/ (Accessed: 16 September 2023).

Cook, A.B. (1895) 'The Bee in Greek Mythology', *The Journal of Hellenic Studies*, 15, pp. 1–24. Available at: https://doi.org/10.2307/624058.

Deutsche Gesetzliche Unfallversicherung (2023) *Pädagogische Gefährdungsbeurteilung*. Available at: https://www.sichere-schule.de/sporthalle/lehrkraft/paedagogische-gefaehrdungsbeurteilung (Accessed: 16 September 2023).

Deutscher Imkerbund (2022) *Honigbienenhaltung*. Available at: https://deutscherimkerbund.de/527-Honigbienenhaltung_Statistik_2021 (Accessed: 14 October 2023).

Deutscher Imkerbund (2023) *Die Mitgliedsverbände des D.I.B.* Available at: https://deutscherimkerbund.de/171 (Accessed: 16 September 2023).

DIB (2022) *Die deutsche Imkerei auf einen Blick.* Available at: https://deutscherimkerbund.de/161-Imkerei_in_Deutschland_Zahlen_Daten_Fakten (Accessed: 16 September 2023).

Elderkin, G.W. (1939) 'Elderkin, G.W. (1939). The Bee of Artemis. American Journal of Philology, 60, 203', 60, pp. 203–203.

Franz, M. (2021) *Kindergarten im Wald in der Praxis.* Stuttgart: Klett Kita GmbH.

Fridays for Future (2023) *Who we are.* Available at: https://fridaysforfuture.org/what-we-do/who-we-are/ (Accessed: 16 September 2023).

von Goethe, J.W. (1815) 'Über die Entstehung des Festspiels zu Ifflands Andenken', *Schriften zur Literatur* [Preprint]. Available at: https://books.google.de/books?hl=de&id=F2tEAAAAcAAJ&redir_esc=y.

Heine, H. (2024) *Heinrich Heine Kreis, Heinrich Heine Kreis.* Available at: https://heine-kreis.de/heinrich-heine-kreis/leben-und-werk/ (Accessed: 21 July 2024).

Heuss, H.L. (2020) 'Augustinus: De civitate dei', in H.L. Arnold (ed.) *Kindlers Literatur Lexikon (KLL).* Stuttgart: J.B. Metzler, pp. 1–3. Available at: https://doi.org/10.1007/978-3-476-05728-0_11251-1.

Holland, M. (2021) *Altmaier: 'Schmale Chance' für rasche Nachbesserung des Klimagesetzes.* Available at: https://www.heise.de/news/Altmaier-Schmale-Chance-fuer-rasche-Nachbesserung-des-Klimagesetzes-6032596.html (Accessed: 16 September 2023).

Imkerverein Herzogenaurach und Umgebung e.V (2023) *Über uns.* Available at: https://imkerherzo.de/ueber-uns/ (Accessed: 14 October 2023).

ISB - Staatsinstitut für Schulqualität und Bildungsforschung München (2023) *ISB - Beitrag des Faches Geographie zu den übergreifenden Bildungs- und Erziehungszielen.* Available at: https://www.lehrplanplus.bayern.de/fachprofil/gymnasium/geographie (Accessed: 3 November 2023).

Klatt, B.K. et al. (2014) 'Bee pollination improves crop quality, shelf life and commercial value', *Proceedings of the Royal Society B: Biological Sciences*, 281(1775), p. 20132440. Available at: https://doi.org/10.1098/rspb.2013.2440.

von Leoprechting, K.F. (2014) *Aus Dem Lechrain: Zur Deutschen Sitten- Und Sagenkunde*. Nabu Press.

Lutteroth, J. (2012) *Öltanker-Havarie: Inferno an der Todesküste, Spiegel Geschichte*. Available at: https://www.spiegel.de/geschichte/oeltanker-havarie-1992-vor-galicien-inferno-an-der-todeskueste-a-947823.html (Accessed: 16 September 2023).

Ranke, K. (2011) *Bearbeitung - Christus und der Schmied*. De Gruyter.

Reimer, J. and Haefeker, W. (2017) *Bienensterben in Europa - Imker wollen „vollständiges Verbot der Neonicotinoide im Freiland"*. Available at: https://www.deutschlandfunk.de/bienensterben-in-europa-imker-wollen-vollstaendiges-verbot.697.de.html?dram:article_id=403013 (Accessed: 16 September 2023).

Schibilsky, M. (2008) *Das leise Sterben - warum die Bienen spurlos verschwinden*. Deutschlandradio. Available at: https://archive.org/details/das-leise-sterben-warum-die-bienen-spurlos-verschwinden-maren-schibilsky-2008 (Accessed: 16 September 2023).

Schoppenhauer, A. (1850) *gutezitate*. Available at: https://gutezitate.com/zitat/109162 (Accessed: 21 July 2024).

Schule im Aufbruch gGmbH (2023) *Freiday, Freiday*. Available at: https://frei-day.org/der-frei-day/lernformat/ (Accessed: 10 December 2023).

Shakespeare, W. (1610) *Zitate berühmter Personen, Zitate berühmter Personen*. Available at: https://beruhmte-zitate.de/zitate/1982678-william-shakespeare-es-liegt-nicht-in-den-sternen-unser-schicksal-zu/ (Accessed: 21 July 2024).

Staatsinstitut für Schulqualität und Bildungsforschung (ISB) (2023a) *LehrplanPlus - Natur und Technik*. Available at: https://www.lehrplanplus.bayern.de/fachprofil/mittelschule/nt (Accessed: 16 September 2023).

Staatsinstitut für Schulqualität und Bildungsforschung (ISB) (2023b) *LehrplanPlus - Naturwissenschaften.* Available at: https://www.lehrplanplus.bayern.de/fachprofil/fos/nt-bo/12 (Accessed: 16 September 2023).

Staatsinstitut für Schulqualität und Bildungsforschung München (2023a) *Das Projekt-Seminar zur beruflichen Orientierung (P-Seminar im neunjährigen Gymnasium).* Available at: https://www.isb.bayern.de/schularten/gymnasium/oberstufe/p-seminar/ (Accessed: 16 September 2023).

Staatsinstitut für Schulqualität und Bildungsforschung München (2023b) *LehrplanPlus - Heimat- und Sachunterricht.* Available at: https://www.lehrplanplus.bayern.de/fachprofil/grundschule/hsu (Accessed: 16 September 2023).

Stadt Herzogenaurach (2023) *Herzogenaurach in Zahlen.* Available at: https://www.herzogenaurach.de/rathaus/zahlen-und-fakten/ (Accessed: 16 September 2023).

Statistisches Bundesamt (2021) *Datenreport 2021 - Kapitel 3: Bildung.* Available at: https://www.bewacherregister.de/DE/Service/Statistik-Campus/Datenreport/Downloads/datenreport-2021-kap-3.html (Accessed: 14 October 2023).

Statistisches Bundesamt (2022) *Bevölkerungsstand.* Available at: https://www.destatis.de/DE/Themen/Gesellschaft-Umwelt/Bevoelkerung/Bevoelkerungsstand/_inhalt.html (Accessed: 16 September 2023).

Statista.de (2023) *Durchschnittsalter der Bevölkerung in Deutschland von 2011 bis 2021.* Available at: https://de.statista.com/statistik/daten/studie/1084430/umfrage/durchschnittsalter-der-bevoelkerung-in-deutschland/ (Accessed: 14 October 2023).

Union of concerned Scientists (1992) *World Scientists' Warning to Humanity.* Available at: https://www.ucsusa.org/sites/default/files/attach/2017/11/World%20Scientists%27%20Warning%20to%20Humanity%201992.pdf (Accessed: 16 September 2023).

Vangerow, H.-H. (1930) *Schule im Wald. Eine waldkundliche Handreichung.*

welt.de (2015) *Sterben die Bienen aus, sterben auch Menschen.* Available at: https://www.welt.de/wissenschaft/umwelt/article144151778/Sterben-die-Bienen-aus-sterben-auch-Menschen.html (Accessed: 21 July 2024).

GPSR Compliance

The European Union's (EU) General Product Safety Regulation (GPSR) is a set of rules that requires consumer products to be safe and our obligations to ensure this.

If you have any concerns about our products, you can contact us on

ProductSafety@springernature.com

In case Publisher is established outside the EU, the EU authorized representative is:

Springer Nature Customer Service Center GmbH
Europaplatz 3
69115 Heidelberg, Germany

www.ingramcontent.com/pod-product-compliance
Lightning Source LLC
LaVergne TN
LVHW020328260326
834688LV00037B/930